Itinerario personal para la empleabilidad I

Carmen María Juan Rodríguez

Marcombo

Itinerario personal para la empleabilidad I

Primera edición, septiembre 2024
Primera reimpresión, septiembre 2025

© 2025 Carmen María Juan Rodríguez

© 2025 MARCOMBO, S. L. - www.marcombo.com
Gran Via de les Corts Catalanes 594, 08007 Barcelona
Contacto: info@marcombo.com

Diseño de la cubierta: cuantofalta.es
Maquetación: D. Márquez
Corrección: F. Xavier Timoneda y Rosa Maria Madera
Directora de producción: M.ª Rosa Castillo

ISBN: 978-84-267-3805-9
D.L.: B 9711-2024

Impreso en Andalusí
Printed in Spain

Libro ecológico
Impreso con papel procedente de bosques gestionados
de manera eficiente, libre de cloro.

Presentación

Con la entrada en vigor de la nueva ley de Formación Profesional, Ley Orgánica 372022 de 31 de marzo, de ordenación e integración de la Formación Profesional, se ofrece al alumnado una educación más flexible, práctica y orientada al empleo, que se adapta a las demandas del mercado laboral y ofrece oportunidades de desarrollo personal y profesional en diversos sectores y ámbitos laborales.

Por ello, este libro desarrolla el módulo Itinerario personal para la empleabilidad I, que conforme al Real Decreto 659/2023 de 18 de julio, por el que se desarrolla la ordenación del Sistema de Formación Profesional, pretende que el estudiante reciba una formación práctica y un aprendizaje orientado al empleo. Se persigue garantizar que los alumnos adquieran las competencias y habilidades necesarias para poder acceder al mercado laboral y desarrollarse profesionalmente en su sector de actividad.

Este libro está dirigido a los estudiantes de los nuevos ciclos de grado medio y superior, puesto que se trata de un módulo transversal. Tiene por finalidad dotar al alumnado de las habilidades para que puedan gestionar de manera efectiva su carrera profesional, adaptarse a un mercado laboral en constante cambio y alcanzar sus metas profesionales y personales.

Por este motivo, se pueden distinguir tres partes importantes en el libro. La primera parte consta de las cuatro primeras unidades didácticas, en las que se pretende que el estudiante de un ciclo formativo alcance la competencia necesaria para la obtención del Título de técnico básico en Prevención de Riesgos Laborales.

A partir de la unidad didáctica 5 hasta la 9, el alumno analizará las condiciones laborales como persona trabajadora por cuenta ajena y, por lo tanto, conocerá la normativa laboral y el convenio del sector. Del mismo modo, estudiará las principales modalidades de contratación, analizará los derechos y deberes derivados de la relación laboral, conocerá los diferentes componentes del recibo de salarios, el papel de la seguridad social como pilar esencial para la mejora de la calidad de vida y las principales prestaciones e indemnizaciones.

Las dos últimas unidades componen la tercera parte como tal del libro y van enfocadas a la orientación laboral. Es por ello que, en la unidad 10, el alumnado conocerá el sector productivo, los puestos de trabajo y las oportunidades de empleo que se le pueden presentar en relación con el perfil profesional, así como los requerimientos del mercado laboral y las exigencias de la función pública. Para llevarlo a cabo, analizará su potencial profesional y sus intereses para guiarse en un proceso de autoorientación en base a sus competencias, intereses y destrezas personales. Por último, en la unidad 11, que va dirigida hacia los itinerarios formativos profesionales y el aprendizaje autónomo, sin dejar de lado la competencia digital y los peligros a los que está expuesta la identidad digital, el estudiante podrá diseñar las estrategias para ese aprendizaje autónomo y, por lo tanto, podrá elaborar su plan de desarrollo individual.

Índice

RA 1	Distingue las características del sector productivo y define los puestos de trabajo relacionándolos con las competencias profesionales expresadas en el título.
RA 2	Alcanza las competencias necesarias para la obtención del título de Técnico Básico en Prevención de Riesgos Laborales.
RA 3	Analiza sus condiciones laborales como persona trabajadora por cuenta ajena, identificándolas en los principales tipos de cambios y vicisitudes relevantes que se pueden presentar en la relación laboral en la normativa laboral y, especialmente, en el convenio colectivo del sector.
RA 4	Analiza y evalúa su potencial profesional y sus intereses para guiarse en el proceso de autoorientación y elabora una hoja de ruta para la inserción profesional en base al análisis de las competencias, intereses y destrezas personales.
RA 5	Aplica las estrategias para el aprendizaje autónomo, reconociendo su valor profesionalizador, diseñando y optimizando su propio entorno de aprendizaje haciendo uso de las tecnologías digitales como herramientas de aprendizaje autónomo, y siendo coherente con su identidad digital y sus propios objetivos profesionales planteados en su plan de desarrollo individual.

Prevención y salud laboral

En esta unidad va a estudiar:

- La salud laboral y la cultura preventiva
- Prevención de riesgos laborales y su regulación
- Los derechos y deberes de los trabajadores y de los empresarios
- Los daños a la salud

Con su estudio, va a ser capaz de:

- Valorar la importancia de la cultura preventiva y relacionar las condiciones de trabajo con la salud.
- Conocer el marco normativo en materia de prevención de riesgos laborales.
- Determinar los principales derechos y deberes en materia de prevención.
- Clasificar y describir los tipos de daños profesionales.

1.1 Salud laboral y cultura preventiva

El trabajo incide en la salud de quien lo desarrolla. En especial, hay que tener en cuenta las condiciones laborales del mismo. Puede incidir positivamente, ya que proporciona recursos económicos, pero también incide de forma negativa, ya que el trabajador o trabajadora está expuesto a riesgos que pueden provocar daños en la salud.

Por ello, la salud es un **derecho constitucional**; así lo contemplan el artículo 40.1 de la Constitución, al establecer que los poderes públicos deben velar por la seguridad e higiene en el trabajo, y el artículo 43.1, que reconoce el derecho a la protección de la salud.

La Organización Mundial de la Salud define la salud como «**el estado de completo bienestar físico, mental y social, y no solamente la ausencia de afecciones o enfermedades.**»

Por lo tanto, esta definición incluye tres aspectos importantes: la salud física, la salud psíquica y la salud social.

Así que es primordial educar para adoptar todas aquellas conductas y actitudes responsables y de conciencia para la protección de nuestro entorno y de nuestra vida. Se trata, en definitiva, de promover la CULTURA PREVENTIVA, no solo a nivel de la empresa, que debe comprometerse por la seguridad, la salud y el bienestar de todos sus empleados, sino que también, a nivel social, se debe educar y formar para promover la prevención de riesgos.

PARA RECORDAR

La salud es el estado de completo bienestar físico, mental y social, y no solo la ausencia de enfermedades.

1.2 La prevención de riesgos laborales

1.2.1 Conceptos básicos

Como hemos visto, el desarrollo del trabajo supone la exposición a algunos riesgos que pueden llegar a materializarse en algún daño para nuestra salud y seguridad. Es por ello que la Ley de prevención de riesgos laborales 31/95, de 8 de noviembre, establece en su artículo 4 una serie de conceptos básicos:

- Prevención: conjunto de actividades o medidas adoptadas o previstas en todas las fases de la empresa para evitar o disminuir los riesgos laborales.

- Riesgo laboral: es la posibilidad de que un trabajador sufra un determinado daño derivado de su trabajo.

- Daños: son las enfermedades, patologías o lesiones sufridas con motivo u ocasión del trabajo.

- Equipo de trabajo: cualquier máquina, aparato, instrumento o instalación utilizados en el trabajo.

- Condición de trabajo: cualquier característica de este que pueda tener una influencia significativa en la generación de riesgos.

1.2.2 Las condiciones de trabajo

Cuando las condiciones de trabajo no son las adecuadas, pueden generar riesgos para la salud del trabajador. Y dentro de las mismas quedan específicamente incluidas las siguientes:

1. Las características generales de los locales, instalaciones, equipos, productos y demás útiles existentes en el lugar de trabajo. Sería el caso de los espacios, escaleras, instalaciones, máquinas, herramientas.

2. La naturaleza de los agentes físicos, químicos y biológicos presentes en el ambiente de trabajo y sus correspondientes intensidades, concentraciones o niveles de presencia. Se trata de agentes como el ruido, las vibraciones, la iluminación, las radiaciones y la temperatura.

3. Los procedimientos para la utilización de los agentes citados en el punto anterior que influyan en la generación de riesgos. Sería un ejemplo el caso de la manipulación de material biológico (muestras de sangre, animales, etc.) sin guantes, ya que estos constituyen un equipo de protección.

Todas aquellas características del trabajo, incluidas las relativas a su organización y ordenación, que influyan en la magnitud de los riesgos a los que esté expuesto el trabajador o trabajadora. Podríamos encontrarnos, por ejemplo, con que el ritmo de trabajo fuera demasiado elevado o inadecuado para las características personales del trabajador.

EJEMPLO 1

Una enfermera trabaja en un centro de extracción de sangre. Por su larga experiencia, realiza su jornada laboral sin guantes al efectuar un análisis de sangre.

Solución:

Esta trabajadora está realizando su trabajo en condiciones inadecuadas, ya sea porque el centro de trabajo no le ha facilitado el equipo de protección adecuado, que incluye los guantes, o bien porque no los utiliza por imprudencia. En este caso, está en riesgo su seguridad y salud en el trabajo.

1.2.3 Regulación de la prevención de riesgos laborales

En este apartado debemos hacer referencia a la normativa sobre prevención de riesgos laborales, incidiendo en un primer momento en el marco normativo a nivel internacional y de la Unión Europea.

- El **Convenio número 155** de la Organización Internacional del Trabajo, de 1981, sobre seguridad y salud de los trabajadores, establece que el objeto de la política nacional es prevenir los accidentes y las consecuencias de los mismos minimizando las causas de los riesgos.

- Asimismo, a nivel europeo, la **Directiva marco 89/391/CEE,** sobre seguridad y salud en el trabajo, viene a establecer unos requisitos mínimos en esta materia, y hace que los estados miembros o bien los mantengan o bien pongan medidas más restrictivas.

- A nivel nacional, la Constitución española, en su **artículo 40.2 CE,** establece como deber constitucional que los poderes públicos deben velar por la seguridad y salud de los trabajadores. Por este motivo nuestra legislación básica en materia de prevención se asienta en la **Ley 31/1995,** de prevención de riesgos laborales, y en el Real **Decreto 39/1997,** que regula el Reglamento de los servicios de prevención. También encontramos en nuestra legislación numerosos reales decretos que desarrollan los riesgos laborales, así como sus medidas de prevención y protección.

PARA SABER MÁS

Toda la normativa nacional, europea e internacional la puede consultar en la página del INSTITUTO NACIONAL DE SEGURIDAD E HIGIENE EN EL TRABAJO.

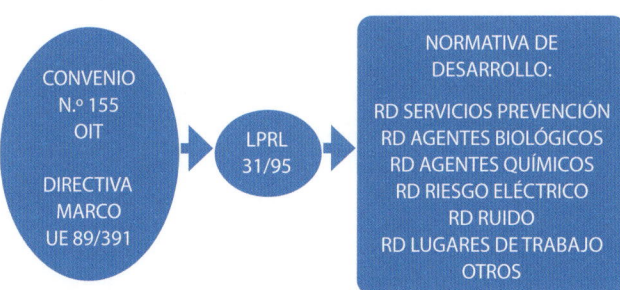

Figura 1.1 Marco normativo prevención de riesgos laborales.

1.3 Derechos y deberes en materia de prevención de riesgos laborales

1.3.1 Por parte de los trabajadores

Los trabajadores tienen derecho a la protección de su salud y seguridad, como ya hemos comentado. Este derecho es, a su vez, un deber del empresario. Pero, del mismo modo, el trabajador, dentro de esa protección eficaz, tiene derecho a ser informado y formado respecto a todos los riesgos y sus consecuencias en el trabajo. Asimismo, tiene derecho a la consulta y la participación dentro de la empresa, junto a sus representantes, en materia preventiva, y a la paralización de la actividad en caso de riesgo grave e inminente, es decir, a poder abandonar su puesto de trabajo sin ser sancionado. También tiene derecho a la vigilancia de su estado de salud, que dependerá de los factores de riesgo y agentes a los que esté expuesto, y a la obligatoriedad de los reconocimientos médicos. Al trabajador se le deben facilitar los medios de protección individual, así como garantizarle las medidas preventivas dentro de la empresa y, por supuesto, la gratuidad de las mismas.

El trabajador está obligado a una serie de deberes que le garanticen su seguridad y salud, como el deber de cumplir las medidas de prevención y el de usar adecuadamente los medios para desarrollar su actividad. No hay que olvidar tampoco que el trabajador no puede poner fuera de funcionamiento los dispositivos de seguridad y debe informar de cualquier situación de riesgo y cooperar, junto con el empresario, para garantizar unas condiciones de trabajo que sean seguras.

EJEMPLO 2

En una empresa química ha habido un conato de incendio. Los trabajadores presentes avisan a sus compañeros y abandonan el puesto de trabajo.

Solución:

Es el único caso en el que el trabajador puede abandonar su puesto de trabajo sin ser despedido: cuando exista un grave riesgo e inminente para su seguridad y salud. Pensemos que en una empresa química un conato de incendio podría provocar una explosión y se verían implicados muchos trabajadores.

1.3.2 Por parte del empresario

Hemos visto que el empresario tiene un deber primordial, que es la protección eficaz de la seguridad y salud de los trabajadores. Por ello, tiene unas obligaciones que podemos decir que son generales, como garantizar la seguridad y salud de sus empleados, integrar la prevención en la actividad de la empresa, establecer y adoptar todas las medidas que sean necesarias para dicha protección eficaz, asumiendo el coste que supongana, y cumplir toda la normativa en materia de prevención de riesgos laborales.

Pero también tiene unas obligaciones que tienen un carácter más específico, como son tener un plan de prevención en la empresa, suministrar los equipos de trabajo adecuados, así como los equipos de protección individual, llevar a cabo la información, consulta y participación con los miembros de la empresa, facilitar y promocionar la formación de sus empleados, establecer todas las medidas de emergencia, control y supervisión de la vigilancia de la salud de todos los que conforman la empresa, tener la documentación al día, coordinarse con todos los representantes y, sobre todo, llevar a cabo una protección de los colectivos especialmente sensibles en la empresa, tales como las trabajadoras embarazadas, los menores de edad, los trabajadores temporales...

EJEMPLO 3

En una empresa de construcción han contratado a un trabajador y la empresa no le ha facilitado los equipos de protección individual.

Solución:

Es un derecho del trabajador que la empresa le suministre los equipos de protección, ya que es una obligación específica del empresario. El uso adecuado de estos es un deber del trabajador.

1.3.3 La responsabilidad en materia de prevención

El incumplimiento de las obligaciones por parte del trabajador o del empresario puede dar lugar a una serie de responsabilidades.

En la figura 1.2 se detalla el tipo de responsabilidad y su sanción correspondiente, tanto para el trabajador como para el empresario.

PARA RECORDAR

Tanto el empresario como el trabajador incurren en responsabilidad por no velar por su seguridad y salud, como por el resto de los trabajadores de la empresa y terceros. El tipo de responsabilidad dependerá del incumplimiento y la sanción, será acorde a la gravedad del mismo.

Figura 1.2 Cuadro de responsabilidades.

SUJETO	TIPO DE RESPONSABILIDAD	SANCIÓN
Empresario	Administrativa	Económica Suspensión, paralización o cierre del centro
	Seguridad Social	Recargo de las prestaciones del 30 al 50 %
	Civil	Indemnización daños y perjuicios
	Penal	Multa, privación de libertad o inhabilitación
Trabajador	Disciplinaria	Amonestación, suspensión de empleo y sueldo Despido

1.4 Daños a la salud

Hemos visto que, cuando trabajamos, estamos expuestos a determinados riesgos derivados de la actividad que realizamos y que dichos riesgos se pueden materializar en consecuencias o daños para nuestra salud. Por este motivo podemos hablar de:

- Patología específica: cuando se da una relación de causa-efecto entre el trabajo y el daño.

- Patología inespecífica: cuando influyen otros factores no laborales.

- Otras patologías nuevas que han surgido en el trabajo.

Figura 1.3 Cuadro de tipos de patología.

PATOLOGÍA ESPECÍFICA	PATOLOGÍA INESPECÍFICA	OTRAS PATOLOGÍAS
ACCIDENTE DE TRABAJO ENFERMEDAD PROFESIONAL	FATIGA INSATISFACCIÓN ESTRÉS ENVEJECIMIENTO PREMATURO	*MOBBING* (ACOSO LABORAL) *BURNOUT* (SÍNDROME DE ESTAR QUEMADO)

1.4.1 Accidente de trabajo

Se establece que es accidente de trabajo toda lesión corporal que el trabajador sufra con ocasión o por consecuencia del trabajo que ejecute por cuenta ajena. Por lo tanto, se requiere para hablar de accidente de trabajo:

- Una lesión corporal: que debe entenderse tanto física como psíquica y psicosomática.

- Un trabajo por cuenta ajena: es decir, que el trabajo se realice para el empresario, aunque este requisito se extiende también a las relaciones laborales especiales.

- Relación de causalidad entre el trabajo y la lesión: puesto que la lesión debe ocasionarse en el trabajo y ser consecuencia de este, existiendo una relación de causa-efecto entre el trabajo y la lesión.

1.4.1.1 Tipos de accidente de trabajo

Además del accidente de trabajo que se produce en la jornada laboral, también se admiten otros supuestos, que explicamos a continuación:

- Los que sufra el trabajador al ir o volver del lugar de trabajo (*in itinere*). En este caso, el trayecto debe hacerse sin interrupciones, es decir, no se puede parar o alterar el trayecto para realizar aquellas tareas personales que no estén relacionadas con el trabajo. Además, se requiere que haga su itinerario habitual y que el medio de transporte sea el adecuado para recorrer la distancia.

- Los que sufra como consecuencia del desempeño de cargos electivos de carácter sindical o del gobierno de entidades gestoras, así como los ocurridos al ir o volver del lugar donde se ejerciten las funciones propias de su cargo.

- Los ocurridos por la realización de tareas distintas a las de su categoría profesional por orden del empresario o de forma espontánea en interés de la empresa.

- Los acaecidos en actos de salvamento. Deben ser actos de salvamento que tengan relación con el trabajo, tanto si se siguen indicaciones de un superior como sisimplemente surgen de forma espontánea.

- Las enfermedades comunes que contraiga el trabajador con motivo de la realización del trabajo, incluso, aunque la enfermedad no esté incluida en el cuadro de enfermedades profesionales. Sería el caso de una baja por depresión o de una baja por estrés por contingencias profesionales.

- Enfermedades del trabajador padecidas anteriormente y que se compliquen como consecuencia del accidente.

- Consecuencias del accidente modificadas por nuevas enfermedades. Sería el caso de las enfermedades intercurrentes, que son aquellas consecuencias sanitarias que puede tener un accidente laboral o sus complicaciones. Pero aquí, nuevamente, se requiere que sea clara la relación de causa–efecto entre el accidente de trabajo y la enfermedad derivada de este.

- No se considerarán accidentes de trabajo los debidos a dolo o a imprudencia temeraria del trabajador. Por ejemplo, cuando hay mala fe por parte del trabajador y provoca el accidente, o cuando actúa temerariamente. Hay que tener en cuenta que podría comportar la comisión de algún delito y tener consecuencias penales, y, también, que puede llevar aparejada alguna indemnización por daños y perjuicios ocasionados no solo a la víctima, si se diera el caso, sino también a la empresa por daños materiales.

EJEMPLO 4

Un trabajador sufrió un accidente de tráfico cuando se dirigía a su domicilio después de su jornada laboral. El trabajador, a mitad del trayecto, hizo una breve parada para poner gasolina.

Solución:

Se trataría de un accidente *in itinere*, puesto que se produce al volver del trabajo. Además, en el trayecto hace una parada, pero no hace ninguna tarea que no esté vinculada con su trabajo, usa el transporte adecuado y sigue su itinerario habitual.

El último informe anual de accidentes de trabajo en España, publicado por el Instituto Nacional de Seguridad e Higiene en el Trabajo, nos confirma que los sectores de mayor riesgo en términos de incidencia de accidentes laborales en España varían según el sexo y la actividad económica. Según el informe anual, se observa que, en el sector de Servicios, las actividades relacionadas con las agencias de viajes, el transporte aéreo, las actividades de creación artística y espectáculos y los servicios de alojamiento presentan aumentos significativos en el índice de incidencia. En el sector de la Construcción, la ingeniería civil y las actividades de construcción especializada muestran aumentos en el índice de incidencia, mientras que la construcción de edificios reduce su índice de incidencia. En el sector de la Industria, la industria del cuero y del calzado, las artes gráficas y la metalurgia presentan aumentos en la siniestralidad, mientras que la fabricación de productos informáticos, electrónicos y ópticos, y la fabricación de otros materiales de transporte registran descensos en el índice de incidencia.

Además, el informe destaca las divisiones de actividad con mayor índice de incidencia en mujeres, entre las que se encuentran la recogida, tratamiento y eliminación de residuos, las actividades relacionadas con el empleo, la asistencia en establecimientos residenciales y las actividades postales y de correos. En hombres, destacan las actividades relacionadas con el empleo y la silvicultura y explotación forestal.

Es importante tener en cuenta que la diversidad de actividades en cada sector conlleva una variedad de riesgos y, por lo tanto, de número y tipos de accidentes de trabajo. Por lo tanto, es fundamental analizar detalladamente las divisiones de actividad dentro de cada sector para comprender los riesgos específicos asociados a cada una.

El informe anual de accidentes de trabajo en España no proporciona una lista exhaustiva de todos los tipos de accidentes laborales que ocurren en el país. Sin embargo, en el informe se mencionan algunas formas de accidentes más frecuentes, como los sobreesfuerzos físicos, los golpes o choques contra objetos inmóviles o en movimiento, el contacto con agentes materiales cortantes o punzantes y el contacto con corriente eléctrica, fuego, temperatura o sustancias peligrosas, entre otros.

PARA RECORDAR

Para que haya accidente de trabajo tiene que haber una lesión corporal en el desempeño de una actividad por cuenta ajena y existir una relación de causa-efecto entre el trabajo y la lesión sufrida.

1.4.1.2 Causas de los accidentes de trabajo

Para saber cuál es la causa de un accidente de trabajo debemos atender al factor que lo desencadena.

Así, podemos decir que el accidente se produce por un factor técnico o por trabajar en condiciones inseguras. Esto supone trabajar con defectos de tipo ambiental, o en la maquinaria, en los dispositivos de seguridad, en las protecciones de las instalaciones o en el desarrollo del proceso.

Del mismo modo, decimos que la causa del accidente se produce por un factor humano o por realizar actos inseguros cuando el trabajador actúa por imprudencia, ignorancia, descuido o por una falta de formación e información.

Tengamos en cuenta que, cuando se den los dos factores, tanto el técnico como el humano, la causa del accidente será mixta.

EJEMPLO 5

Una trabajadora en la sección de charcutería de un supermercado sufrió la amputación de parte de un dedo con la máquina de cortar. Dicha máquina no disponía de protección y, además, la trabajadora no se había puesto los guantes de malla.

Solución:

Se trataría de un accidente de trabajo cuya causa es mixta, debido a que se trabaja en condiciones inseguras, puesto que la máquina no tenía protección, y, a la vez, es un acto humano inseguro, porque la trabajadora no utiliza los guantes por imprudencia o por descuido.

EJERCICIO 1

De los siguientes accidentes de trabajo, explique cuál es su causa:

a) La falta de experiencia de una trabajadora contratada en el sector de la hostelería.

b) La maquinaria sin protección.

c) Las instalaciones viejas de una fábrica textil.

d) El trabajador que actúa por imprudencia en las obras de un edificio.

e) La falta de equipos de protección individual para algunos de los trabajadores de una empresa, que deben compartirlos.

f) Un exceso de confianza en un trabajador del sector industrial.

1.4.1.3 ¿Qué debe hacer la empresa ante un accidente de trabajo?

Entre las obligaciones específicas del empresario, comentábamos que debía llevar toda la documentación sobre prevención de riesgos laborales, por lo que está obligado a notificar por escrito a la autoridad laboral los daños a la salud de los trabajadores por el desarrollo de su trabajo.

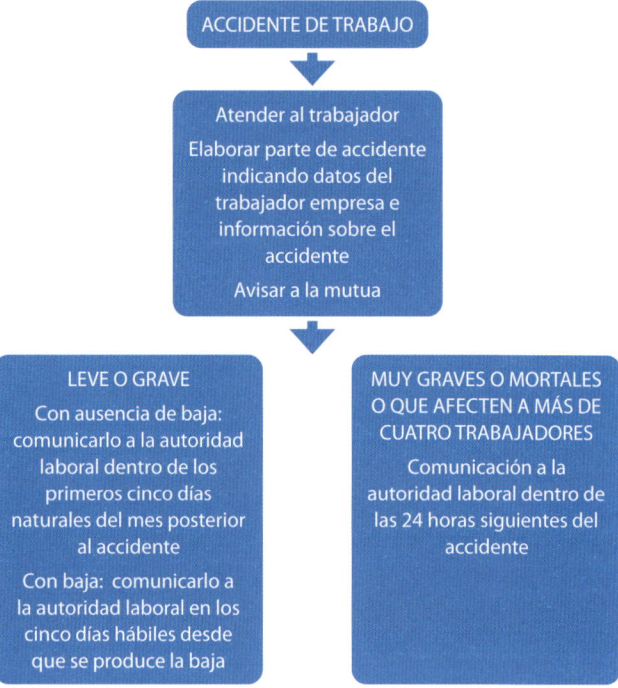

Figura 1.4 Procedimiento de notificación de un accidente de trabajo.

1.4.2 Enfermedades profesionales

Otra de las consecuencias o de los daños que podemos sufrir al llevar a cabo un trabajo es desarrollar una enfermedad profesional. Esta se refiere al daño o alteración

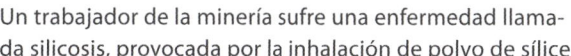

en la salud causados por todas las condiciones físicas, químicas o biológicas presentes en el trabajo, pero, además, se deben dar las siguientes circunstancias:

- Que el trabajo sea por cuenta ajena (aunque se recoge también a los trabajadores autónomos en la protección respecto a las enfermedades profesionales).

- Que sea consecuencia de actividades del cuadro de enfermedades profesionales. Para ello hay que consultar el Real Decreto 1299/2006, de 10 de noviembre, por el que se aprueba el cuadro de enfermedades profesionales en el sistema de la Seguridad Social y se establecen criterios para su notificación y registro.

- Que proceda de la acción de sustancias o elementos que se indiquen en el cuadro de enfermedades.

En cuanto a los tipos de enfermedades profesionales, podemos hablar de los siguientes, atendiendo a la clasificación establecida en el citado Real Decreto:

Figura 1.5 Clasificación de enfermedades profesionales (Real Decreto 1299/2006).

GRUPO ENFERMEDADES PROFESIONALES	EJEMPLOS
1. Causadas por agentes químicos.	Fosforismo, que es una enfermedad profesional causada por el fósforo.
2. Causadas por agentes físicos.	Hipoacusia o sordera profesional provocada por el ruido.
3. Causadas por agentes biológicos.	Tétanos, sida, hepatitis.
4. Causadas por inhalación de sustancias y agentes no comprendidos en otros apartados.	Asbestosis, provocada por la inhalación del amianto.
5. De la piel, causadas por sustancias y agentes no comprendidos en alguno de los otros apartados.	Dermatitis profesional.
6. Causadas por agentes carcinogénicos.	Enfermedad sistémica o general, como es el cáncer de pulmón.

EJEMPLO 6

Un trabajador de la minería sufre una enfermedad llamada silicosis, provocada por la inhalación de polvo de sílice.

Solución:

Se trataría de una enfermedad profesional, puesto que es un trabajador por cuenta ajena y tanto su actividad como el agente causante están en el cuadro de enfermedades profesionales.

EJERCICIO 2

De cada uno de los siguientes supuestos, determine si se trata de un accidente de trabajo o de una enfermedad profesional:

a) Una hernia provocada por levantar un peso de más de 50 kg sin usar ayuda mecánica.

b) El tétanos provocado por un ganadero que usaba guantes mientras manipulaba un cercado.

c) Las quemaduras sufridas por un trabajador que estaba fumando un cigarrillo al lado de un derrame de fuel.

d) Un corte provocado por usar una sierra circular sin protección circundante.

PARA RECORDAR

Habrá enfermedad profesional cuando se realice un trabajo por cuenta ajena y cuando la enfermedad y la actividad realizada se encuentren dentro del cuadro de enfermedades profesionales y haya una relación de causa-efecto.

1.4.3 Fatiga

Es una disminución de la capacidad física y mental de un trabajador debido a que el trabajo produce un cierto cansancio muscular y mental. Por ello, el cuerpo humano está preparado para esos esfuerzos musculares y mentales, que le provocan un cansancio normal del que podrá recuperarse en poco tiempo.

El problema aparece cuando el trabajo obliga a realizar esfuerzos superiores a los mencionados; entonces, cuando el esfuerzo es superior a lo normal, afecta la salud de quien lo realiza y se acumula porque no tiene tiempo para recuperarse. La única forma de prevenir la fatiga será haciendo pausas o descansos en el trabajo; por lo tanto, una buena organización del mismo nos ayudará a prevenir la fatiga.

Una persona que trabaja en una línea de montaje de coches en la que tiene que colocar manualmente una pieza que pasa por un transportador aéreo.

Solución:

Esta persona padece fatiga física, puesto que denota cansancio muscular debido a la posición en su tarea.

EJEMPLO 8

Un arquitecto que debe presentar un proyecto y, por ello, trabaja 10 horas diarias y padece intensos dolores de cabeza.

Solución:

Este arquitecto padece fatiga mental debido a las largas horas de trabajo.

1.4.4 Insatisfacción laboral

Podemos definirla como el grado de malestar que sufre la persona como consecuencia de su trabajo. Realmente no es una enfermedad, pero puede afectar al bienestar y a la salud psíquica. Es un rechazo al trabajo cotidiano, ya que no le gusta su trabajo y, por lo tanto, no le proporciona casi ninguna satisfacción. Se produce cuando las compensaciones que recibe el trabajador no superan el esfuerzo que realiza para la empresa. Esto tiene una incidencia sobre su rendimiento en el trabajo. Por ello, se dan casos de personas que, estando sanas, tienen síntomas de enfermedad tan solo con la idea de acudir a trabajar.

Entre las causas que pueden influir en la insatisfacción laboral encontramos las siguientes:

- El horario y los turnos de trabajo.
- El grado de autonomía o de responsabilidad en las tareas.
- Las tareas monótonas o repetitivas.
- Malas relaciones con los superiores o con los compañeros en la empresa.
- La inestabilidad laboral.

1.4.5 Estrés

En el trabajo nos puede ocurrir que tengamos un exceso de demandas y que no estemos capacitados para asumirlas; esta situación conduce al estrés, puesto que la persona no puede hacer frente a estas situaciones. Todo ello provoca impotencia, ansiedad e incluso depresión.

Las causas pueden ser muy distintas. Desde, por ejemplo, la exposición en el puesto de trabajo a determinados agentes (como el ruido), que puede provocar absentismo laboral, hasta el hecho de estar expuesto a una sobrecarga de trabajo, lo que puede provocar una disminución del rendimiento, o bien puede haber causas de tipo emocional, como ansiedad o miedos que pueden provocar conflictos y quejas con el resto de la plantilla.

1.4.6 Envejecimiento prematuro

El envejecimiento es un proceso natural que nos afecta a todos. El problema es que puede acelerarse como consecuencia del trabajo. Para prevenirlo, se debería adecuar la carga de trabajo a la capacidad de desarrollarla o bien favorecer el cambio de ocupación, o llevar a cabo reconocimientos médicos para controlar la salud. Existen unas determinadas profesiones que llevan aparejado el envejecimiento prematuro, como trabajar en la minería, la agricultura… En estos casos, la única solución es tomar medidas de política social, como las jubilaciones anticipadas.

PARA RECORDAR

Habrá patologías inespecíficas del trabajo cuando no haya relación de causa-efecto entre el trabajo y la lesión, puesto que inciden otras causas externas al trabajo.

1.4.7 *Mobbing*

Cuando estamos ante situaciones que se prolongan en el tiempo, durante más de seis meses, en las que una persona o un grupo de personas ejercen presión psicológica, al menos, una vez por semana contra otra de forma sistemática en el lugar de trabajo, estamos expuestos a acoso laboral. El *mobbing* abarca desde el maltrato verbal al psicológico, por ejemplo, no dando trabajo o marginando al trabajador.

1.4.8 *Burnout*

Llamamos *burnout* al «síndrome de estar quemado», que consiste en que la persona sufre un desgaste emocional que le provoca una despersonalización y una menor realización personal en el trabajo. Se produce una disminución de la autoestima personal y una gran frustración de las expectativas que se tenían, y, por lo tanto, se provoca estrés. Se da principalmente en aquellas profesiones en las que se está en contacto con clientes o usuarios, por ejemplo, en el ejercicio de la abogacía o entre el profesorado.

Señale de qué tipo de patología se trata y la causa de esta:

a) La sordera causada a un trabajador que está expuesto al ruido en su jornada laboral.

b) La fatiga ocasionada a un técnico de electromecánica de vehículos que trabaja en una cadena de montaje.

c) Una trabajadora titulada que acepta un trabajo de menor categoría profesional.

d) El síndrome de *burnout* que sufre un profesor de Educación Secundaria Obligatoria.

e) El acoso que sufre un trabajador por parte de varios compañeros por haber tenido un ascenso en el trabajo.

Reto profesional

Investigue dentro de las salidas profesionales de su ciclo formativo, qué tipo de salidas profesionales tiene. Una vez lo haya hecho, elija una de ellas y enumere los posibles riesgos con los que puede encontrarse desarrollando ese trabajo y qué daños podrían ocasionar a su salud.

Mapa conceptual

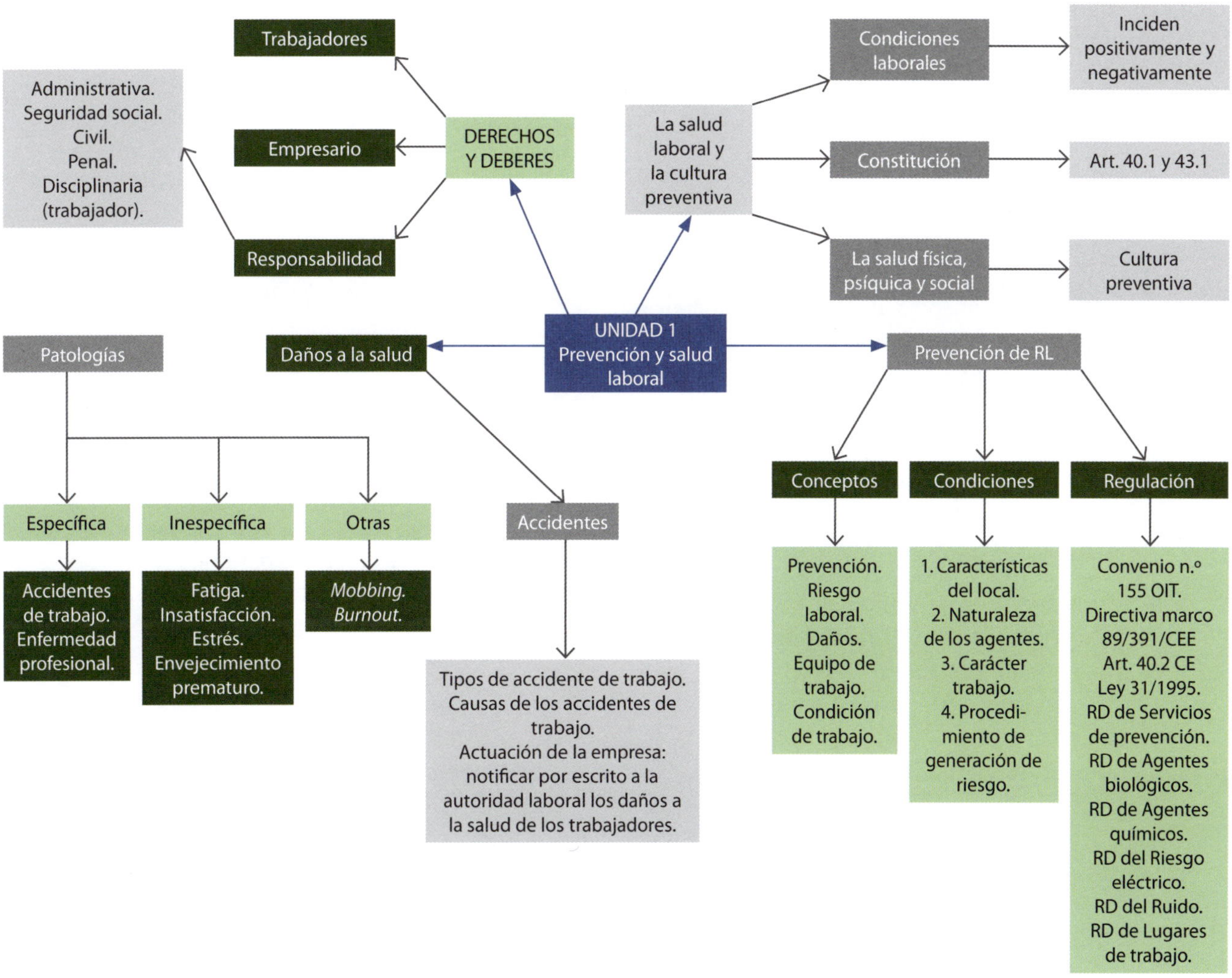

Trabajadores

Administrativa. Seguridad social. Civil. Penal. Disciplinaria (trabajador).

Empresario

DERECHOS Y DEBERES

Responsabilidad

Condiciones laborales — Inciden positivamente y negativamente

La salud laboral y la cultura preventiva

Constitución — Art. 40.1 y 43.1

La salud física, psíquica y social — Cultura preventiva

UNIDAD 1 Prevención y salud laboral

Patologías

Daños a la salud

Prevención de RL

Específica

Inespecífica

Otras

Accidentes

Conceptos

Condiciones

Regulación

Accidentes de trabajo. Enfermedad profesional.

Fatiga. Insatisfacción. Estrés. Envejecimiento prematuro.

Mobbing. Burnout.

Tipos de accidente de trabajo. Causas de los accidentes de trabajo. Actuación de la empresa: notificar por escrito a la autoridad laboral los daños a la salud de los trabajadores.

Prevención. Riesgo laboral. Daños. Equipo de trabajo. Condición de trabajo.

1. Características del local.
2. Naturaleza de los agentes.
3. Carácter trabajo.
4. Procedimiento de generación de riesgo.

Convenio n.º 155 OIT. Directiva marco 89/391/CEE Art. 40.2 CE Ley 31/1995. RD de Servicios de prevención. RD de Agentes biológicos. RD de Agentes químicos. RD del Riesgo eléctrico. RD del Ruido. RD de Lugares de trabajo.

- El trabajo puede incidir positiva o negativamente en la salud. La salud no es solo la ausencia de enfermedades, sino el estado de bienestar físico, mental y social de forma completa.

- Se debe promover la cultura preventiva para conseguir la seguridad, la salud y el bienestar de todos los empleados, por parte de la empresa, y, además, a nivel social se debe educar y formar para promover la prevención de riesgos.

- En la prevención de riesgos laborales debemos conocer una serie de conceptos básicos enumerados en el artículo 4 de la Ley 31/95, de 8 de noviembre, como los de riesgo laboral, daños derivados del trabajo y condiciones de trabajo. La normativa de prevención se recoge internacionalmente en el convenio nº 155 de la OIT, a nivel de la Unión Europea en la directiva marco 89/391 y a nivel nacional en la Ley de prevención de riesgos laborales y en todos los decretos que desarrollan los riesgos.

- Los derechos de los trabajadores en materia de prevención de riesgos laborales derivan del derecho constitucional a una protección eficaz. Así, son derechos de los trabajadores los de recibir una formación e información eficaz, la paralización inmediata del trabajo en caso de riesgo grave e inminente y, por lo tanto, abandonar el puesto de trabajo, recibir los equipos de protección individual y que las medidas preventivas sean gratuitas, así como que la empresa lleve a cabo la vigilancia de la salud de sus empleados a través de reconocimientos médicos.

- Son deberes de los trabajadores velar por su seguridad y salud, usar adecuadamente los equipos de trabajo y los dispositivos de seguridad e informar y cooperar con el empresario ante cualquier situación de riesgo.

- En el caso de la empresa, son obligaciones de la misma proporcionar formación e información, la vigilancia de la salud de los trabajadores y la protección de los menores, las embarazadas y el personal especialmente sensible. Asimismo, establecer las medidas de emergencia, facilitar los equipos de trabajo y los equipos de protección individual y coordinar las actividades preventivas.

- Los trabajadores están expuestos a riesgos que pueden provocar daños en la salud. Estas patologías pueden ser específicas, cuando hay una relación de causa-efecto entre la lesión y el trabajo, pueden ser inespecíficas, cuando no se da esa relación pero inciden otros factores externos al trabajo, y existe otra serie de nuevas patologías que han ido surgiendo.

- En cuanto al accidente de trabajo, tenemos que saber que se trata de cualquier lesión corporal que sufre el trabajador por el desempeño de un trabajo por cuenta ajena. Se da una relación de causa-efecto y, por lo tanto, es una patología específica del desarrollo del trabajo. Además, debemos conocer las causas de los accidentes, que pueden ser por factores técnicos, es decir, que se desarrolla el trabajo en condiciones inseguras, o por el factor humano, a causa de actos inseguros. Cuando se dan las dos causas a la vez, hablamos de causa mixta.

- Con relación a las enfermedades profesionales, existe una relación de causa entre el trabajo o actividad desarrollada y el agente causante que lo provoca, pero deben estar incluidas en el cuadro de enfermedades profesionales que establece el Real Decreto 1299/2006. Por lo tanto, se trata también de patologías específicas del trabajo.

- Si hacemos referencia a las patologías inespecíficas del trabajo, tenemos: la fatiga provocada por una carga física o mental, la insatisfacción laboral porque se realiza un trabajo que no gusta, el estrés que se produce cuando las exigencias en el trabajo superan nuestras capacidades como trabajadores y el envejecimiento prematuro, que guarda relación con algunas actividades que provocan que se acelere el hecho natural de envejecer. Por lo tanto, estas patologías se dan en el trabajo, pero existen factores externos que inciden para provocarlas, como son nuestras características personales.

- Por último, debemos mencionar otras patologías que aparecen en el trabajo, como son el *mobbing*, que es el acoso laboral, por parte de superiores o compañeros, tanto físico como emocional, y el síndrome *burnout* o síndrome de «estar quemado», que se produce en algunas profesiones y provoca una total despersonalización.

1. **Según la Organización Mundial de la Salud, la salud es:**

   a) La ausencia de enfermedades.

   b) Que los trabajadores estén satisfechos con su trabajo.

   c) La ausencia de accidentes de trabajo.

   d) Ninguna es correcta.

2. **Un riesgo laboral es:**

   a) La posibilidad de que un trabajador no sufra un determinado daño derivado de su trabajo.

   b) La posibilidad de que un trabajador sufra un determinado daño derivado de su trabajo.

   c) No tener riesgos en el trabajo.

   d) Sufrir accidentes en el trabajo.

3. **Por enfermedad profesional se entiende:**

   a) La provocada por toda actividad en la que estamos expuestos a un agente físico.

   b) La que viene provocada por un agente biológico.

   c) La que se produce por un agente químico.

   d) Ninguna es correcta.

4. **La fatiga es:**

   a) Una patología específica del trabajo.

   b) Una patología inespecífica del trabajo.

   c) Tener dolor muscular.

   d) Tener cansancio.

5. **El estrés es:**

   a) Tener malestar general y fiebre.

   b) Cansancio físico.

   c) Producido por un exceso de demandas en el trabajo para el que no estamos capacitados para solventarlo.

   d) Todas las anteriores.

6. **El envejecimiento prematuro es:**

   a) Una patología inespecífica.

   b) Envejecer antes de tiempo.

   c) El que se produce en determinadas actividades.

   d) Todas las anteriores.

7. **El *mobbing* es:**

   a) El acoso por parte de los superiores.

   b) El acoso por parte de los compañeros.

   c) Cuando estamos ante situaciones que se prolongan en el tiempo, por ejemplo, durante más de seis meses, en las que una persona o un grupo de personas ejerce presión psicológica, al menos, una vez por semana contra otra de forma sistemática en el lugar de trabajo.

   d) Cuando estamos ante situaciones que no se prolongan en el tiempo en las que un grupo de personas ejerce presión psicológica.

8. **El síndrome de «estar quemado» es:**

   a) Una patología específica.

   b) Una patología inespecífica.

   c) La persona sufre un desgaste emocional que provoca una despersonalización y una menor realización personal en el trabajo.

   d) La persona no sufre un desgaste emocional.

9. **Es un accidente de trabajo:**

   a) El accidente *in itinere*.

   b) La complicación de una enfermedad previa tras un accidente.

   c) El ocurrido en un acto de salvamento.

   d) Todas las anteriores.

10. **La insatisfacción laboral es:**

   a) El grado de malestar que sufre la persona como consecuencia de su trabajo.

   b) Una patología inespecífica.

   c) Todas las anteriores.

   d) Sus consecuencias repercuten en la empresa y en el trabajador.

ACTIVIDAD 1

Elabore un esquema del marco normativo mediante una búsqueda en la página web del Instituto de Seguridad e Higiene en el Trabajo.

ACTIVIDAD 2

Busque las definiciones de los conceptos siguientes en la Ley de prevención de riesgos laborales y ponga un ejemplo de cada uno: equipos de trabajo, equipos de protección individual, operaciones, procesos, productos potencialmente peligrosos.

ACTIVIDAD 3

Analice y realice una búsqueda de información sobre qué tipo de responsabilidad tendrá un trabajador que no utiliza el casco en una obra de construcción.

ACTIVIDAD 4

Elabore un esquema en el que aparezcan las semejanzas y diferencias entre accidente de trabajo y enfermedad profesional.

ACTIVIDAD 5

Busque noticias en la prensa de accidentes de trabajo y coméntelas en clase indicando cuáles han sido su causa y su consecuencia, y si ha habido alguna responsabilidad.

ACTIVIDAD 6

Ponga un ejemplo de cada uno de los tipos de accidente de trabajo que se pueden dar.

ACTIVIDAD 7

Identifique, en los siguientes supuestos, si nos encontramos ante accidentes de trabajo o enfermedades profesionales:

a) Legionela sufrida por un trabajador que reparaba aparatos de aire acondicionado.

b) Quemaduras sufridas por un trabajador al realizar un acto de salvamento en el incendio de la fábrica.

c) Silicosis sufrida por un minero al inhalar polvo de sílice.

d) La amputación de una mano por un técnico de mantenimiento al usar el torno.

ACTIVIDAD 8

Miguel trabaja en una oficina ocho horas al día. Su trabajo consiste en estar en el ordenador pasando documentos. Desde hace unos días tiene dolores de cabeza y musculares. Su empresa no le ha realizado ningún reconocimiento médico ni tampoco recibió ningún curso de formación. El otro día, cansado ya de esta situación, abandonó su puesto de trabajo.

Comente el supuesto y diga qué tipo de responsabilidad existe, tanto para la empresa como para el trabajador, y qué tipo de sanciones podrían corresponderles.

Los factores de riesgo

En esta unidad va a estudiar:

- Factores de riesgos ligados al ambiente de trabajo
- Factores de riesgo derivados de las condiciones de seguridad
- Factores ligados a la carga de trabajo
- Factores psicosociales

Con su estudio, va a ser capaz de:

- Identificar y clasificar los factores de riesgo en la actividad.
- Identificar los agentes causantes de los factores de riesgo.
- Conocer las medidas para prevenir los diferentes factores de riesgo.
- Conocer los diferentes niveles y/o concentraciones en el ambiente que pueden ocasionar riesgos.

2.1 Los factores de riesgo

Podemos entender por factor de riesgo toda condición potencialmente peligrosa para la salud del trabajador, de forma que este concepto abarcaría todas aquellas condiciones de trabajo que puedan incidir significativamente en la salud de la persona trabajadora. Por ello, se consideran factores de riesgo:

- El medio ambiente de trabajo físico y sus contaminantes químicos y biológicos.

- Las condiciones de seguridad.

- La carga física y mental.

- Los factores psicosociales derivados de la organización del trabajo y las características individuales del trabajador.

2.2 Los factores de riesgo ligados al ambiente de trabajo

Hemos visto que el trabajo afecta a la salud y, por este motivo, sabemos que el medio ambiente de trabajo altera la salud y genera una serie de riesgos adicionales. En el ambiente de trabajo podemos encontrarnos agentes químicos, biológicos y físicos que pueden dar lugar a algunas enfermedades profesionales. Cuando nos referimos a un contaminante, se trata de una fuente de energía, un producto químico o un ser vivo que puede provocar efectos nocivos para la salud de las personas cuando su concentración en el ambiente o su presencia no son las adecuadas, así como el tiempo de exposición a ese contaminante.

2.2.1 Agentes químicos

Los agentes químicos son aquellas sustancias que pueden provocar daños a la salud de la persona cuando su organismo las absorbe en unas dosis determinadas. Por lo tanto, puede ser todo elemento o compuesto químico, por sí solo o mezclado, tal como se presenta en estado natural o si es producido, utilizado o vertido, incluyendo el vertido como residuo, en una actividad laboral, se haya elaborado o no de modo intencional y se haya comercializado o no.

La gravedad del riesgo depende de la naturaleza del agente químico, de las condiciones individuales del trabajador expuesto y de las características de la exposición, y está determinada por factores propios del puesto de trabajo (tiempo de exposición, generación del agente químico, ventilación, etc.) y por las condiciones ambientales que favorezcan la absorción del tóxico, como la temperatura ambiente o el esfuerzo físico que requiere el trabajo.

Figura 2.1 Vías de entrada de los agentes químicos.

RESPIRATORIA	Nariz, boca, laringe, bronquios, bronquiolos y alveolos pulmonares. Es la vía de entrada más importante.
DIGESTIVA	Boca, estómago e intestinos. Riesgo bajo, salvo en el caso de trabajadores que comen y beben en el trabajo.
DÉRMICA	Por la piel. Segunda vía de entrada por importancia.
PARENTERAL	A través de una herida, corte o punción en la piel.

Los agentes químicos los podemos clasificar atendiendo a los efectos que producen en el organismo.

Según lo establecido en el reglamento (CE) nº 1272/2008, existe una serie de peligros para la salud.

Figura 2.2 Tipos de agentes químicos.

IRRITANTES	Producen lesiones reversibles en la piel o las mucosas o irritaciones oculares. Ejemplo: ozono.
ASFIXIANTES	Por «aspiración» se entiende la entrada de una sustancia o de una mezcla, líquida o sólida, directamente por la boca o por la nariz, o indirectamente por regurgitación, en la tráquea o en las vías respiratorias inferiores. Puede entrañar graves efectos agudos, tales como neumonía química, lesiones pulmonares más o menos importantes e incluso la muerte por aspiración. Ejemplos: nitrógeno y dióxido de carbono.
CORROSIVOS	Producen la destrucción del tejido cutáneo. Ejemplo: ácidos.
SENSIBILIZANTES	Pueden producir hipersensibilidad de las vías respiratorias o una respuesta alérgica por contacto con la piel. Ejemplo: formaldehído.
CANCERÍGENOS	Sustancias o mezclas de sustancias que inducen cáncer o que aumentan su incidencia. Ejemplo: arsénico.
MUTÁGENOS	Es un cambio permanente en la cantidad o en la estructura del material genético de una célula. Ejemplo: amianto.

Figura 2.2 (Continuación).

TÓXICOS PARA LA REPRODUCCIÓN	Pueden producir efectos adversos sobre la función sexual y la fertilidad de hombres y mujeres adultos, sobre el desarrollo de los descendientes o con efectos sobre la lactancia. Ejemplo: benceno.
SISTÉMICOS	Alteraciones sobre diversos órganos. Ejemplos: magnesio, plomo.
NEUMOCONIÓTICOS	Sustancias que actúan en los pulmones. Ejemplos: asbesto, aluminio.

¿Cómo identificar los agentes químicos en el trabajo?

Para un trabajo seguro, se debe conocer la peligrosidad de los productos y las medidas de prevención. Esta información es obligatorio que la facilite el empresario, es decir, aparecerá en la Ficha de Datos de Seguridad y en la etiqueta del envase de los productos.

Para ello, debemos acudir al Sistema Globalmente Armonizado de clasificación y etiquetado de productos químicos, que establece los pictogramas para el etiquetado de sustancias químicas.

¿Cómo prevenir el riesgo químico?

La empresa debe eliminar o reducir el riesgo al mínimo y, para ello, se deben conocer los Valores Límite de Ex-

posición Ambiental, es decir, los valores de referencia para las concentraciones de los agentes químicos en el aire. Son las concentraciones a las que la mayoría de los trabajadores se exponen durante la jornada en toda su vida laboral y que no tienen efectos adversos para su salud.

Figura 2.4 Medidas de control sobre contaminantes químicos.

MEDIDAS DE CONTROL SOBRE CONTAMINANTES QUÍMICOS		
SOBRE EL FOCO	SOBRE EL MEDIO	SOBRE EL RECEPTOR
Sustitución de productos. Aislamiento, encerramiento o modificación del proceso. Mantenimiento. Selección de equipos adecuados	Orden y limpieza. Ventilación general o localizada. Mantenimiento. Sistemas de alarma. Aumento de la distancia entre el foco y el receptor	Formación e información. Encerramiento por cabinas. Rotación del personal. Uso de los EPI. Controles médicos

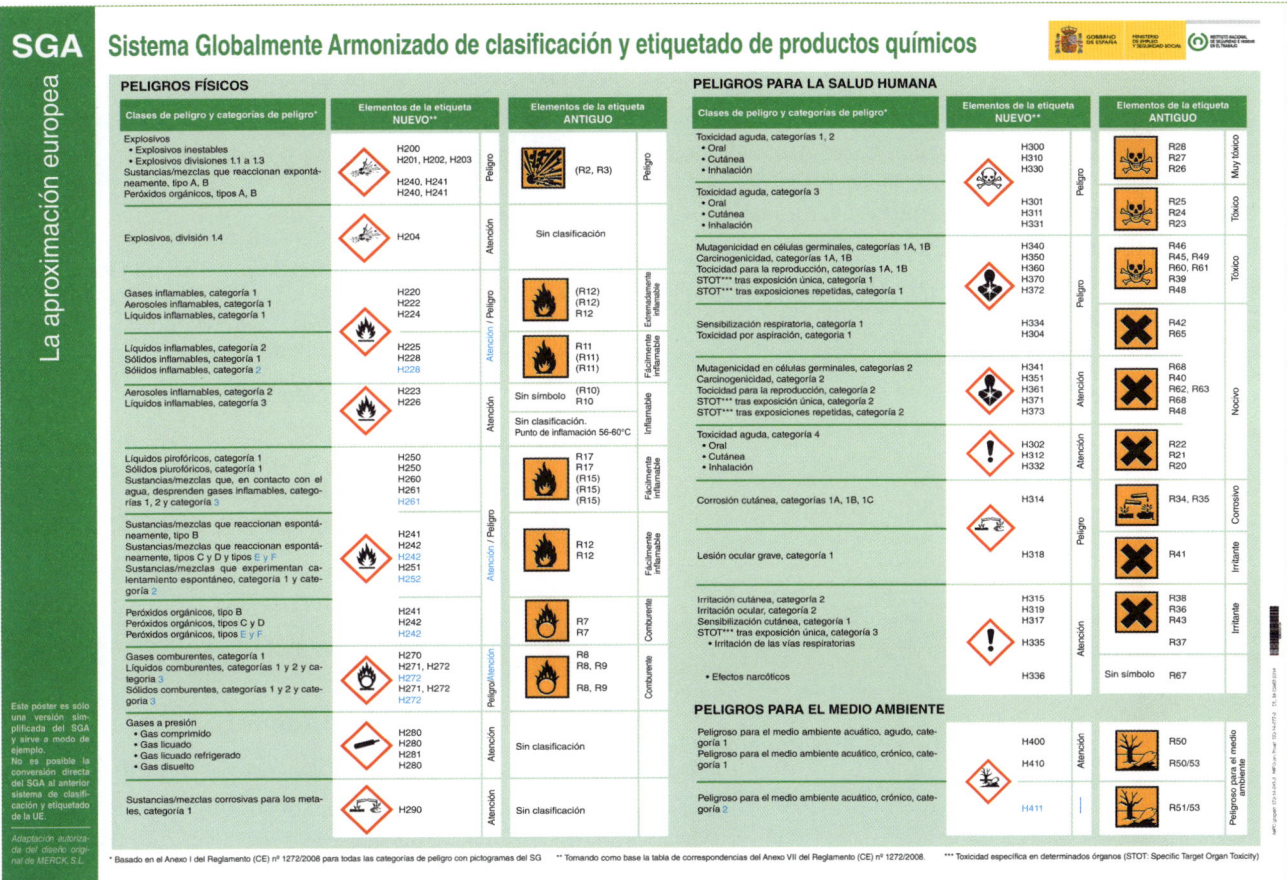

Figura 2.3
Cuadro INSHT: Sistema Globalmente Armonizado de clasificación y etiquetado de productos químicos.

EJEMPLO 1

En una empresa se solicita por parte de los trabadores información sobre los productos químicos utilizados en el proceso de fabricación.

Solución:

La empresa está obligada a proporcionar la Ficha de Datos de Seguridad de los productos químicos y a que todos los envases de los productos o sustancias químicas lleven el etiquetado correspondiente.

EJERCICIO 1

En una empresa de reparación de automóviles se realiza la pintura de coches después de su reparación. Se utilizan productos químicos tales como disolventes. Explique qué tipo de componentes se están utilizando en el taller y cuáles serían sus efectos para la salud del trabajador, y, por último, establezca qué medidas de prevención debe tomar la empresa.

2.2.2 Agentes biológicos

Cuando hablamos de agentes biológicos, nos referimos a todos aquellos seres vivos (bacterias, gusanos) o estructuras biológicas (virus) que ocasionan enfermedades de tipo infeccioso o parasitario al penetrar en el organismo. Por lo tanto, son riesgos biológicos laborales aquellos que pueden generar peligros de infección, intoxicación o alergias contraídas por el trabajador.

Provocan enfermedades profesionales, sobre todo, en trabajos relacionados con el ganado y también en los hospitales y centros de salud. Sus vías de entrada en el organismo son las mismas que las de los agentes químicos.

Figura 2.5 Tipos de agentes biológicos.

VIRUS	Organismo de estructura sencilla que necesita de un huésped.	Rabia Hepatitis B
BACTERIAS	Microorganismos unicelulares sin necesidad de un huésped.	Tétanos
PROTOZOOS	Organismos unicelulares.	Toxoplasmosis

Figura 2.5 (Continuación).

HONGOS	Microorganismos vegetales parasitarios que también pueden vivir en materias orgánicas en descomposición.	Pie de atleta Micosis
GUSANOS	Organismos de vida libre o parásitos.	Anquilostomiasis Lombrices intestinales

¿Cómo se clasifican?

Los agentes biológicos se clasifican conforme al artículo 3 del Real Decreto 664/1997, sobre la protección de los trabajadores contra los riesgos relacionados con la exposición a agentes biológicos durante el trabajo.

Figura 2.6 Clasificación de los agentes biológicos.

GRUPO 1	Agentes con poca probabilidad de causar enfermedad en seres humanos. Hay profilaxis y tratamiento. Ejemplo: el *aspergillus*.
GRUPO 2	Pueden causar enfermedad en seres humanos y suponer peligro. Poca probabilidad de propagación. Existen tratamientos eficaces. Ejemplo: la legionela
GRUPO 3	Pueden causar enfermedad grave y con peligro de propagación. Existen medidas eficaces para su tratamiento. Ejemplo: la salmonella.
GRUPO 4	Agentes que provocan enfermedades graves y con peligro de propagación. No existen medidas eficaces para su tratamiento. Ejemplo: el ébola.

¿Qué medidas podemos adoptar?

Deberemos adoptar medidas de protección colectiva y de protección individual, con el objetivo de evitar el riesgo.

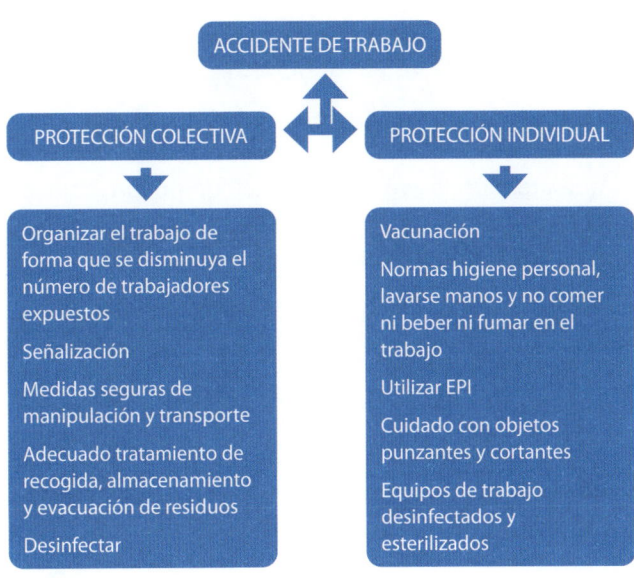

Figura 2.7 Medidas de protección ante riesgos biológicos.

EJERCICIO 2

Identifique los agentes biológicos a los que puede estar expuesta una trabajadora de un hospital sabiendo que es auxiliar de enfermería. Establezca las medidas de prevención adecuadas ante las distintas situaciones de riesgo.

2.2.3 Agentes físicos

Son elementos presentes en el ambiente de trabajo que pueden producir enfermedades y accidentes. El ruido, las radiaciones, las vibraciones, la iluminación y la temperatura son agentes físicos que deben analizarse por las graves consecuencias que pueden acarrear.

Ruido

Es un sonido molesto, no deseado y peligroso. Las magnitudes que lo definen son las siguientes:

- La intensidad: que es la energía empleada para generar el ruido; su unidad es el decibelio. Así, hablamos de nivel de presión equivalente sonora (**LAeq,d**) como el promedio diario de presión sonora de un puesto de trabajo referido a una jornada laboral de ocho horas en decibelios y de valor máximo de la presión acústica instantánea (**L Máx o pico**). Siendo los valores límite o máximos de exposición los valores iguales a 87 dB de LAeq,d y a 140 dB de nivel pico.

- La frecuencia: que es el número de ciclos por segundo de una onda de presión acústica. Su unidad es el hercio.

En cuanto a los efectos del ruido, el principal es que reduce la capacidad auditiva, puesto que el primer síntoma es la sordera temporal, que es reversible, ya que cesa cuando lo hace el ruido. El problema se plantea cuando la exposición es continuada, ya que produce hipoacusia o sordera, que se considera una enfermedad profesional.

También podemos hablar de otra serie de efectos, como son las alteraciones en el sistema respiratorio y el cardiovascular, y los trastornos digestivos y del sueño.

Debemos ser conscientes de que el ruido no solo puede llegar a producir una enfermedad profesional, sino que puede llegar a provocar accidentes de trabajo, ya que su presencia en el ambiente de trabajo hace que el grado de atención disminuya y que se reduzca el tiempo de reacción.

Para medir el ruido se usan dosímetros y sonómetros.

Figura 2.8 Niveles de sonido y medidas de protección (Real Decreto 286/2006, de 10 de marzo, sobre la protección de la salud y la seguridad de los trabajadores contra los riesgos relacionados con la exposición al ruido).

NIVELES	MEDIDAS
LAeq,d superior a 80 dB Nivel pico superior a 135 dB	Información y formación. Vigilancia por audiometrías cada 5 años. Entrega de protectores auditivos. Mediciones cada 3 años. Señalización no obligatoria. Sin medidas técnicas.
LAeq,d superior a 85 dB Nivel pico superior a 137 dB	Información y formación. Vigilancia por audiometrías cada 3 años. Uso obligatorio de protectores auditivos. Mediciones cada año. Señalización obligatoria. Medidas técnicas.

Figura 2.9 Medidas de prevención.

SOBRE EL FOCO	Eliminar la fuente de ruido. Encerramiento del foco de ruido.
SOBRE EL MEDIO	Instalar pantallas y paneles absorbentes.
SOBRE EL RECEPTOR	Disminuir el tiempo de exposición. Alejar el puesto de trabajo del foco de ruido. Utilización de EPI (cascos, tapones, orejeras).

EJERCICIO 3

Un trabajador está expuesto a un nivel de 90 decibelios (Iaeq,d), siendo el nivel máximo de 138 dB durante su jornada laboral. Explique qué efectos puede tener para su salud y qué medidas de prevención y protección se deben adoptar.

Vibraciones

Un gran número de personas están expuestas a las vibraciones en su lugar de trabajo.

Las vibraciones se miden por su frecuencia y su intensidad. La frecuencia de las vibraciones se mide en hercios y causan efectos en el organismo cuando oscilan entre 1 y 1500 hercios. La intensidad se mide en m/s^2.

Estas vibraciones pueden ser de dos tipos:

- **Vibraciones de cuerpo entero:** en las que pueden aparecer lumbalgias y lesiones de columna vertebral. Serían las vibraciones transmitidas por los asientos y las plataformas de vehículos o máquinas. Oscilarían entre 1 y 80 hercios. Las que son de muy baja frecuencia (menos de 1 hercio) provocarían pérdida de equilibrio, mareos o vómitos.

- **Vibraciones mano-brazo:** solo estaría sometida a vibración esta parte del cuerpo, provocando problemas óseos, articulatorios o musculares. Se transmiten por la empuñadura de las herramientas a motor, como taladros o amoladoras. Pueden llegar a provocar el síndrome Raynaud o del dedo blanco, que es un vasoespasmo de partes de la mano en respuesta al frío o a la tensión emocional, que produce molestias y cambio de color reversible, en uno o varios dedos. Se considera enfermedad profesional. Oscilarían entre 20 y 1500 Hz.

Figura 2.10 Valores de referencia conforme al RD 1311/2005, de 4 de noviembre, sobre exposición a vibraciones mecánicas.

VALOR EXPOSICIÓN QUE DA LUGAR A UNA ACCIÓN	VALOR LÍMITE DE EXPOSICIÓN
Sistema mano-brazo: a 8 horas de exposición, será 2,5 m/s^2.	Sistema mano-brazo: a 8 horas de exposición, será 5 m/s^2.
Cuerpo completo: a 8 horas de exposición, será 0,5 m/s^2.	Cuerpo completo: a 8 horas de exposición, será 1,15 m/s^2.

Las medidas de prevención que podríamos adoptar serían las siguientes:

- Eliminar las vibraciones en su origen o reducirlas al nivel más bajo.

- Utilizar métodos de trabajo que reduzcan la necesidad de exponerse a vibraciones mecánicas.

- Elegir el equipo de trabajo adecuado, diseñado desde un punto de vista ergonómico.

- Usar un equipo auxiliar que reduzca los riesgos, por ejemplo, asientos, amortiguadores u otros sistemas que atenúen las vibraciones de cuerpo entero o, en el caso de vibraciones mano-brazo, utilizar mangos, asas o cubiertas que reduzcan las vibraciones.

- Mantenimiento de equipos.

- Información y formación.

- Limitación de la duración e intensidad de la exposición.

- Vigilancia de la salud mediante reconocimientos médicos.

EJERCICIO 4

Un transportista ha empezado a encontrarse mal después de su primer mes de trabajo. Tiene dolores lumbares y mareos. Se ha dado cuenta de unas vibraciones de baja frecuencia que afectan a su salud. ¿Qué medidas de prevención y protección debería adoptar la empresa?

Temperatura

La temperatura provoca situaciones de incomodidad, que pueden convertirse en situaciones de estrés térmico. El confort térmico es la conformidad del trabajador con el ambiente térmico. La temperatura corporal está en 37 °C. El calor extra eleva la temperatura y esta se elimina por sudoración; sin embargo, el frío se elimina quemando grasas. El aumento de temperatura ambiental supone un aumento de la temperatura corporal y si esta subida es brusca, puede provocar un golpe de calor. Otros efectos serán la deshidratación, la lipotimia, el déficit salino, el incremento del ritmo respiratorio o la dilatación de los vasos sanguíneos.

La exposición laboral a ambientes fríos puede causar descensos de la temperatura interna que limitan la destreza manual y también puede provocar la congelación en diferentes grados.

Las medidas preventivas consistirán en usar la ropa adecuada, beber con frecuencia agua u otras bebidas no alcohólicas y tomar sal en las comidas cuando se esté expuesto durante el trabajo a temperaturas ambiente elevadas, además de mantener la piel siempre limpia para facilitar la transpiración.

Iluminación

Es muy importante la iluminación en el puesto de trabajo, ya que evita muchos accidentes y, además, previene la pérdida de agudeza visual y, por lo tanto, la fatiga visual.

Las medidas preventivas serían utilizar la luz natural siempre que se pueda, usar sistemas de iluminación indirecta, adecuar la intensidad a las exigencias visuales, evitar deslumbramientos o usar apantallamientos, limpiar periódicamente lámparas y luminarias, y evitar los contrastes.

Radiaciones

Son ondas y partículas electromagnéticas emitidas por determinadas materias. La unidad de medida es el *sievert*.

Figura 2.11 Tipos de radiaciones y sus efectos.

RADIACIONES	TIPOS	SOBRE EL RECEPTOR
Ionizantes Son capaces de ionizar células de nuestro cuerpo.	Rayos X Partículas alfa Partículas beta	Alteraciones cardiovasculares del sistema digestivo, de la piel, de los ojos y del sistema reproductor. Se pueden poner de manifiesto inmediatamente una vez cesada la exposición e, incluso, en generaciones posteriores.
No ionizantes No son capaces de ionizar partes del cuerpo, pero sí provocan efectos adversos para la salud.	Infrarrojos Microondas Ultravioletas Láser	Lesiones de retina, cataratas, daños en la piel. Quemaduras. Afecciones de la piel, conjuntivitis. Irritaciones de la piel.

En cuanto a las medidas de prevención, habría que limitar la dosis de exposición, sobre todo, a los menores de edad y a las mujeres embarazadas. Otras medidas son: formación e información a los trabajadores, señalización en los puestos de trabajo, vigilancia de la salud y uso de EPI.

PARA RECORDAR

Los agentes físicos son elementos presentes en el ambiente de trabajo que pueden producir enfermedades profesionales y accidentes de trabajo.

2.3 Los factores de riesgo derivados de las condiciones de seguridad

Son los factores que pueden llegar a producir accidentes de trabajo.

2.3.1 Lugares de trabajo

Son las zonas de trabajo en las que el trabajador debe permanecer o a las que puede acceder por razones de su trabajo. Los accidentes más comunes serán caídas de personas al mismo o a distinto nivel, pisadas sobre objetos, atropellos de vehículos, caídas de objetos y choques contra objetos móviles.

2.3.2 Equipos de trabajo

Serán equipos de trabajo cualquier maquinaria, aparato, instalación o herramientas utilizadas en el trabajo. Los accidentes producidos por la maquinaria pueden ser: proyección de partículas o elementos de las máquinas, golpes, cortes, contactos eléctricos, atrapamientos y quemaduras.

Las medidas que se pueden adoptar en cuanto a las máquinas serán que tengan marcado el símbolo CE, que se usen resguardos y dispositivos de seguridad, que haya pulsador de emergencia y el mantenimiento de todos estos dispositivos. También se dará formación e información a los trabajadores y hay que tener en cuenta el orden, la limpieza, la señalización y una buena iluminación. Sobre todo, los trabajadores deberán evitar el uso de ropas holgadas, cadenas, petos..., para evitar así posibles atrapamientos.

2.3.3 Instalaciones eléctricas

El riesgo eléctrico se produce cuando existe la probabilidad de que una corriente eléctrica circule por el cuerpo humano. Los accidentes se producen por **contacto directo,** cuando las personas entran en contacto con las partes activas de una instalación eléctrica, por **contacto indirecto,** cuando acceden a elementos puestos en tensión, y por **incendios y explosiones,** como a causa de sobrecargas y cortocircuitos.

Figura 2.12 Intensidad y efectos del riesgo eléctrico.

INTENSIDAD (mA)	FENÓMENO FISIOLÓGICO
De 1-3	No existe riesgo de electrocución.
3 a 10	Movimientos reflejos.
10-15	Tetanización con contracciones musculares.
15-20	Paro respiratorio.
25-30	Asfixia.
Más de 30	Fibrilación ventricular.

En cuanto a las medidas de prevención, podemos destacar para los trabajadores la información y formación, y el uso de EPI y equipos aislantes.

En cuanto al contacto directo, las medidas serían alejar los cables y conexiones de los lugares de trabajo y, de paso, interponer obstáculos, recubrir las partes en tensión con material aislante y utilizar tensiones inferiores a 25 voltios.

Con relación al contacto indirecto, habría que poner toma de tierra e interruptores diferenciales y separar circuitos.

EJERCICIO 5

Un electricista ha sufrido una descarga eléctrica al conectar dos cables en la instalación eléctrica de una vivienda. Describa qué tipo de contacto ha sufrido y qué medidas de prevención se deben adoptar para prevenir este accidente de trabajo.

2.3.4 Incendios

El fuego es una oxidación rápida en la que se produce emisión de luz y de calor. Cuando el fuego se propaga y se descontrola, puede causar pérdidas materiales y personales. Para que sea posible un fuego se han de dar los siguientes elementos:

- Combustible: es la materia que arde al aplicarle calor.

- Comburente: es el oxígeno presente en el aire que respiramos.

- Energía de activación: es la energía mínima que permite iniciar el fuego mediante un foco de ignición. Ejemplo: un cortocircuito.

- Reacción en cadena: es el proceso mediante el cual el fuego progresa.

Según la norma UNE-EN 2, sobre las clases de fuego:

a) **Clase A:** fuegos de materiales sólidos, generalmente orgánicos, cuya combustión se realiza con la formación de brasas; deben ser adecuados para cada clase de fuego normalizada. Extinguidos por enfriamiento.

b) **Clase B:** fuegos de líquidos o de sólidos licuables. Extinguidos generalmente con polvo químico seco o CO_2.

c) **Clase C:** fuegos de gases. Son extinguidos generalmente con polvo químico seco o CO_2. Nunca deben utilizarse ni espuma ni agua.

d) **Clase D:** fuegos de metales. Extinguidos generalmente con polvos químicos especiales.

e) **Clase F:** fuegos derivados de la utilización de ingredientes para cocinar (aceites y grasas vegetales o animales) en los aparatos de cocina. Son extinguidos con agentes especiales, tales como el acetato de potasio y el citrato.

PARA RECORDAR

Nunca hay que utilizar el agua para extinguir fuegos eléctricos, ya que implica peligro de muerte por electrocución.

EJERCICIO 6

Un empleado de una gasolinera, en su tiempo de descanso, se encuentra fumando cerca de unos residuos señalizados como inflamables. En este supuesto, indique si se dan los elementos para que se produzca un incendio y diga qué clase de fuego sería y cuál sería el agente extintor más adecuado.

2.4 Los factores de riesgo derivados de la carga de trabajo

Cuando hablamos de carga de trabajo, nos referimos a todo esfuerzo físico o mental que realizamos en el trabajo. Por lo tanto, será aquel conjunto de requerimientos físicos y psicológicos a los que se somete el trabajador durante su jornada laboral. Su consecuencia será la fatiga, tanto física como mental.

2.4.1 Carga de trabajo física

Serían aquellos requerimientos físicos a los que se somete el trabajador durante su jornada laboral. Tiene que ver con: el esfuerzo físico, la postura de trabajo, que depende de si el trabajo es sentado o de pie, y la manipulación manual de cargas.

También tiene que ver con trastornos músculo-esqueléticos, que derivan en enfermedades profesionales como las siguientes:

- Lesiones de espalda y columna vertebral: cervicalgia, dorsalgia, lumbalgia, hernias de disco.

- Lesiones de extremidades superiores e inferiores: tendinitis, bursitis, epicondilitis, mialgias, síndrome del túnel carpiano.

En cuanto a las medidas preventivas, podemos citar: formación e información al trabajador, vigilancia de la salud y diseño ergonómico de la tarea y del puesto de trabajo.

PARA RECORDAR

En la manipulación manual de carga, el peso máximo que se recomienda es de 25 kg, salvo en el caso de menores de edad y mujeres, en que se recomienda no superar los 15 kg.

2.4.2 Carga mental

Es el conjunto de requerimientos psíquicos a los que se ve sometido el trabajador a lo largo de la jornada laboral. También influyen las características individuales del trabajador y los factores de carácter extralaboral. La fatiga mental desaparece con el descanso, la alternancia de tareas y la introducción de pausas.

EJERCICIO 7

Un empleado en una oficina ha empezado a sufrir dolores de cabeza, espalda y mano. Su trabajo consiste en estar frente a un ordenador introduciendo datos. ¿Cree que su trabajo incide en su salud? Explique por qué, cuál es su causa y qué medidas de prevención impondrías.

2.5 Los factores de riesgo psicosociales

Son interacciones que se dan en una empresa entre el contenido del trabajo, su organización y las características individuales del trabajador. La técnica de prevención será la psicosociología. Los efectos son:

- Psicológicos: ansiedad, depresión, euforia, agresividad, alcoholismo, tabaquismo, drogadicción…

- Psicosomáticos: fatiga física y mental, dolores de cabeza, insomnio, trastornos circulatorios y trastornos respiratorios.

- Psicosociales: absentismo, accidentes, conflictividad y defectos de calidad.

Como medidas de prevención, tendríamos: un ritmo de trabajo adecuado, la motivación laboral, fomentar las relaciones laborales, establecer sistemas de resolución de conflictos, una buena comunicación…

2.5.1 Estrés

Es el conjunto de reacciones emocionales, cognitivas, fisiológicas y de comportamiento ante ciertos aspectos adversos del contenido del trabajo, la organización de este o el entorno de trabajo. Se experimenta cuando las demandas del medio ambiente laboral exceden la capacidad de los trabajadores para controlarlas.

2.5.2 *Mobbing*

Se trata de un comportamiento irracional repetido, respecto a un empleado o un grupo de empleados, que constituye un riesgo para la salud o la seguridad del trabajador.

2.5.3 *Burnout*

Se aplica a una situación similar al estrés y se suele traducir con la expresión «estar quemado». Es un estrés de carácter crónico que se experimenta en el ámbito laboral. El individuo presenta agotamiento emocional y cansancio físico y psicológico. Se da una sensación de incompetencia, de ineficacia y de no poder atender adecuadamente las tareas.

Figura 2.13
Salud laboral. ¿Cómo reducir el estrés laboral?

Tabla resumen

FACTORES DE RIESGO LIGADOS AL AMBIENTE DE TRABAJO			
AGENTE	**DAÑO**	**TÉCNICA**	**MEDIDAS**
Agentes químicos	Enfermedad profesional Si no usa EPI, accidente de trabajo	Higiene industrial	Sustitución del producto Aislamiento Mantenimiento Modificación del proceso Limpieza Ventilación Sistemas de alarma Formación e información Encerramiento Rotación del personal Uso de EPI
Agentes biológicos	Enfermedad profesional Si no usa EPI, accidente de trabajo		Realizar controles periódicamente Vigilancia de la salud Corregir la situación Medir la intensidad del agente Comparar valores con valores de referencia Identificar los factores de riesgo
Agente físico Ruido	Enfermedad profesional Si no usa EPI, accidente de trabajo Puede causar fatiga		Eliminar la fuente de ruido Encerramiento del foco Instalar pantallas y paneles absorbentes Realizar mediciones de los niveles periódicamente Disminuir el tiempo de exposición Alejar el puesto de trabajo del foco Uso de EPI Realizar controles por audiometrías
Agente físico Vibraciones	Enfermedad profesional		Realizar controles periódicamente Vigilancia de la salud Medir la intensidad del agente Comparar valores con valores de referencia
Agente físico Temperatura	Enfermedad profesional Puede causar fatiga		Usar ropa de trabajo adecuada Beber con frecuencia agua u otras bebidas Tomar sal en las comidas Mantener la piel siempre limpia
Agente físico Iluminación	Enfermedad profesional Si no usa EPI, accidente de trabajo Puede causar fatiga		Debe utilizarse la luz natural Usar sistemas de iluminación indirecta Adecuar la intensidad de la iluminación a las exigencias de la tarea Limpiar periódicamente lámparas y luminarias Evitar contrastes
Agente físico Radiaciones	Enfermedad profesional		Señalización Uso de EPI

Figura 2.14 Factores de riesgo ligados al ambiente de trabajo.

FACTORES DE RIESGO DERIVADOS DE LAS CONDICIONES DE SEGURIDAD			
AGENTE	**DAÑO**	**TÉCNICA**	**MEDIDAS**
Lugar de trabajo	Accidente de trabajo	Seguridad	Información y formación Orden y limpieza Señalización Uso de EPI
Equipos de trabajo			Maquinas con marcado CE, año de fabricación y código del fabricante Empleo de resguardos y dispositivos de seguridad Mantenimiento de los equipos por el fabricante o empresa especializada Pulsador de emergencia Formación e información Evitar ropas holgadas, cadenas... Orden y limpieza Iluminación adecuada Señalización
Instalaciones eléctricas			Información y formación Contacto directo: • alejar cables y conexiones • interponer obstáculos • recubrir las partes con material aislante • utilizar tensiones inferiores a 25 voltios Contacto indirecto: • toma de tierra • interruptores diferenciales • herramientas aislantes • equipos de protección individual
Incendios			Plan de evacuación Señalización Orden y limpieza Información y formación

Figura 2.15 Factores de riesgo derivados de las condiciones de seguridad.

FACTORES DE RIESGO DERIVADOS DE LA CARGA DE TRABAJO			
AGENTE	**DAÑO**	**TÉCNICA**	**MEDIDAS**
Carga física	Enfermedad profesional Fatiga	Ergonomía	Formación e información Vigilancia de la salud Diseño ergonómico de la tarea y puesto de trabajo
Carga mental	Fatiga		Descanso con la duración y frecuencia adecuadas Pausas con la duración y frecuencia adecuadas Alternancia de tareas

Figura 2.16 Factores de riesgo derivados de la carga de trabajo.

FACTORES DE RIESGO PSICOSOCIALES			
AGENTE	**DAÑO**	**TÉCNICA**	**MEDIDAS**
Estrés	Insatisfacción laboral	Psicosociología	Favorecer ambientes adecuados para el trabajador Descanso con la duración y frecuencia adecuadas
Mobbing	Estrés		Pausas con la duración y frecuencia adecuadas
Burnout	Fatiga		Alternancia de tareas Selección de personal, orientación, entrevistas...

Figura 2.17 Factores de riesgo derivados de las condiciones de seguridad.

Reto profesional

Este reto le pondrá a prueba para identificar y evaluar diferentes factores de riesgo que pueden afectar a la salud y seguridad en el lugar de trabajo. Lea cada escenario cuidadosamente y seleccione la opción que mejor describa el factor de riesgo identificado y justifíquelo.

1. En una fábrica de productos químicos, los trabajadores están expuestos regularmente a vapores tóxicos durante el proceso de producción. ¿Cuál de los siguientes factores de riesgo laboral está presente en este escenario?

   a) Ruido excesivo

   b) Radiación ultravioleta

   c) Exposición a sustancias químicas

   d) Condiciones de temperatura extrema

2. En una oficina, los empleados pasan largas horas frente a los ordenadores sin tomar descansos regulares. Muchos informan de fatiga ocular y dolores de espalda. ¿Cuál de los siguientes factores de riesgo laboral está presente en este escenario?

   a) Estrés laboral

   b) Iluminación deficiente

   c) Ergonomía inadecuada

   d) Falta de equipo de protección personal

3. En una construcción, los trabajadores realizan tareas de alto riesgo en andamios mal asegurados y sin equipo de seguridad adecuado. ¿Cuál de los siguientes factores de riesgo laboral está presente en este escenario?

   a) Riesgo eléctrico

   b) Exposición a agentes biológicos

   c) Caídas desde altura

   d) Exposición al plomo

Mapa conceptual

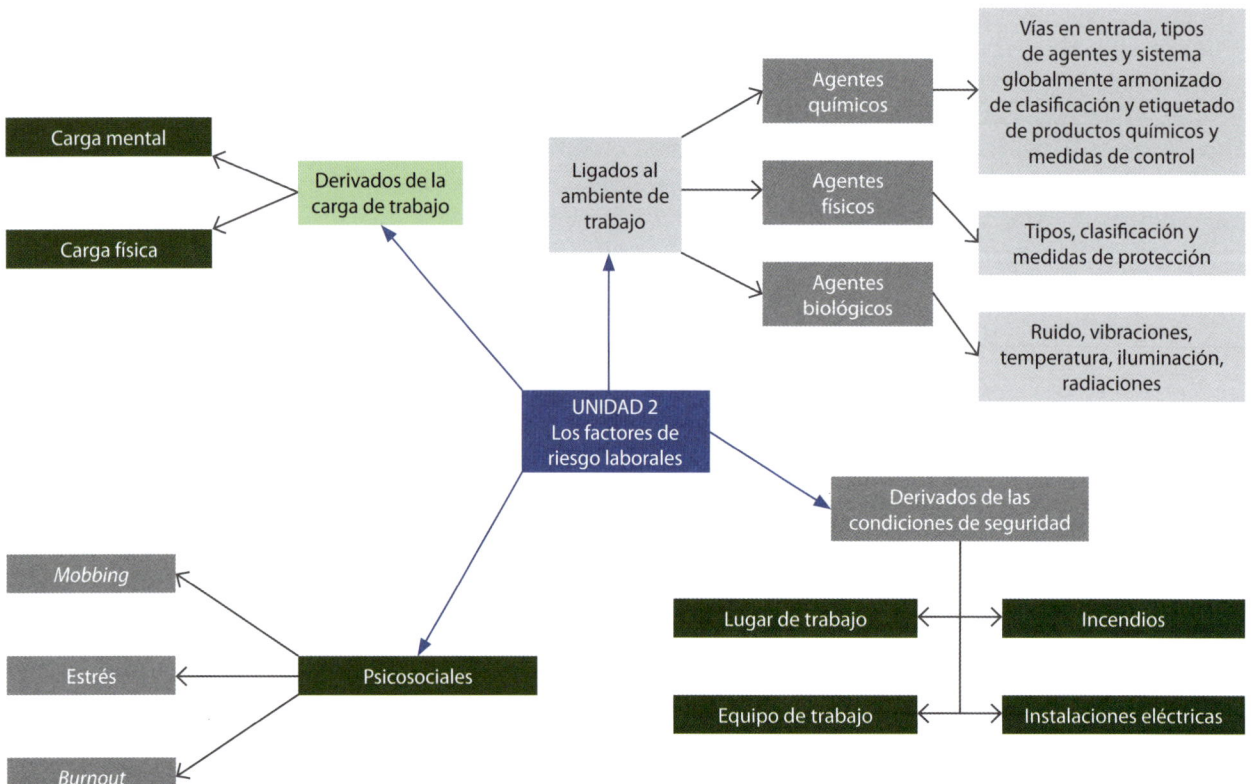

TEST DE EVALUACIÓN

1. Los factores ligados del ambiente de trabajo pueden producir:

a) Enfermedad profesional.

b) Accidente de trabajo.

c) Fatiga.

d) Todas son correctas.

2. En los agentes químicos:

a) La gravedad del riesgo no depende de la naturaleza del agente químico, de las condiciones individuales del trabajador expuesto y de las características de la exposición.

b) La gravedad del riesgo depende de la naturaleza del agente químico, de las condiciones individuales del trabajador expuesto y de las características de la exposición.

c) No se tienen en cuenta las condiciones individuales del trabajador.

d) No se tienen en cuenta las características de la exposición.

3. Son agentes biológicos:

a) Son solo bacterias.

b) Solo producen enfermedades profesionales.

c) Ninguna es correcta.

d) Todos aquellos seres vivos (bacterias, gusanos) o estructuras biológicas (virus) que ocasionan enfermedades de tipo infeccioso o parasitario al penetrar en el organismo.

4. El ruido es:

a) Un factor de riesgo ligado al ambiente de trabajo.

b) Su técnica de prevención es la higiene industrial.

c) Es un sonido molesto, no deseado y peligroso.

d) Todas las anteriores.

5. Las vibraciones:

a) Provocan enfermedades profesionales.

b) Son agentes físicos.

c) Pueden afectar a todo el cuerpo o a partes del mismo.

d) Todas las anteriores.

6. La iluminación:

a) Puede provocar accidentes de trabajo.

b) Puede provocar fatiga.

c) Hay que adaptar la iluminación a las exigencias de la tarea.

d) Todas son correctas.

7. La carga de trabajo:

a) Puede provocar fatiga.

b) Puede ser física y mental.

c) Su técnica de prevención es la ergonomía.

d) Todas las anteriores.

8. El estrés:

a) Es un factor ligado al ambiente de trabajo.

b) Es un factor derivado de las condiciones de seguridad.

c) Es un factor derivado de la carga de trabajo.

d) Ninguna es correcta.

9. Los factores derivados de las condiciones de seguridad:

a) Pueden provocar accidentes de trabajo.

b) Son concentraciones en el ambiente de trabajo.

c) Uno de sus agentes son las radiaciones.

d) Todas las anteriores.

10. En los incendios:

a) El incendio provocado por riesgo eléctrico se extingue con agua.

b) La reacción en cadena es el proceso mediante el cual el fuego progresa.

c) El combustible es el oxígeno.

d) Todas las anteriores.

ACTIVIDAD 1

Lea atentamente el caso siguiente, diga cuáles son los factores de riesgo que hay, sus agentes, sus consecuencias, la técnica de prevención y las medidas de prevención que adoptarías.

«Juan Carlos ha terminado su ciclo de grado medio de instalaciones eléctricas y automáticas, y ya tiene su primer empleo; se trata de una empresa dedicada a las instalaciones y reparaciones eléctricas. El taller es de reducidas dimensiones y no tienen banco de trabajo. Además, en el taller hay mucho ruido, ello se debe a que se alcanza en la jornada ordinaria un nivel de 90 decibelios. La música ambiental está muy fuerte y a veces se pone los auriculares del móvil muy fuertes para oír su música preferida y, por ello, no se pone los cascos protectores.

El local no tiene suficiente iluminación debido a que solo hay una ventana sin persiana y los fluorescentes están sucios y sin rejilla.

La temperatura es muy alta debido a que no funciona el aire acondicionado a causa de un posible brote de legionela y es por ello por lo que dejan abierta la puerta del taller abierta.

Fue el otro día a arreglar una máquina, sin comprobar la tensión, y al tocar la carcasa de seguridad le dio un calambrazo. Además, no llevaba puestos los guantes aislantes. Las herramientas estaban por el suelo y sucias. Los cables de las máquinas están por en medio, lo cual le ha provocado más de un tropezón.

Una de las máquinas que ha ido a arreglar tiene un defecto en el cableado, que está empalmado. Además, otro de los cables está ennegrecido.

Tuvo que mover unas cajas que dejaron los compañeros y pesaban más de 50 kilos, por lo que acabó con un terrible dolor de espalda por las posturas forzadas.

El otro día se dio un conato de incendio y nadie sabía qué hacer. Todos salieron corriendo y a empujones; además, no había ningún extintor y, si lo hubiera encontrado, tampoco habría sabido cómo utilizarlo. En medio del pasillo habían colocado cajas y otros equipos.

A veces piensa por qué está en ese lugar, ya que el edificio es viejo y anticuado, y además tiene humedades y goteras. Trabaja, a veces, más de ocho horas diarias y no tiene casi tiempo para almorzar; además, tiene que tomar decisiones un tanto molestas, como decidir con quién comparte turno de trabajo. En su contrato no pone si va a haber renovación y tampoco plazo para avisarle. A veces, llega a casa muy cansado y agobiado por los problemas; además, hace dos días que un compañero no le habla y le mira mal, de forma que se siente acosado».

Gestión de la prevención

En esta unidad va a estudiar:

- La gestión de la prevención
- Los principios de la acción preventiva
- El plan de prevención
- La evaluación de riesgos
- Organización de la prevención
- El control del riesgo laboral
- Técnicas de prevención y protección

Con su estudio, va a ser capaz de:

- Determinar la evaluación de riesgos en la empresa.
- Clasificar las distintas formas de gestión de la prevención en la empresa u organismo equiparado.
- Valorar la existencia de un plan preventivo.
- Estimar, valorar y controlar el riesgo.
- Identificar las técnicas de prevención más adecuadas atendiendo al tipo de daño.
- Establecer técnicas de prevención y protección ante situaciones concretas.

3.1 La gestión de la prevención

La gestión en la prevención de riesgos laborales debe anticiparse a las situaciones que puedan producirse en la empresa. No se debe esperar a reparar los daños causados en la salud de los trabajadores. La gestión, por tanto, debe integrarse en el conjunto de actividades de la empresa y en todos los niveles jerárquicos, y no solo ceñirse al cumplimiento de unas obligaciones. Además de integrarse en todos los niveles de la empresa, se deben asignar recursos humanos y materiales para su desarrollo.

Para ello, deben seguirse los principios de acción preventiva que vienen fijados en el artículo 15 de la LPRL:

- Evitar los riesgos.
- Evaluar los riesgos que no puedan evitarse.
- Combatir los riesgos en su origen.
- Adaptar el trabajo a la persona.
- Tener en cuenta la evolución de la técnica.
- Sustituir lo peligroso por lo que entrañe poco o ningún peligro.
- Planificar la prevención.
- Adoptar las medidas que antepongan la protección colectiva a la individual.
- Instruir a los trabajadores.

3.2 El plan de prevención de riesgos laborales

Como hemos visto, será obligatorio implantar un plan de prevención que se integre en el sistema general de gestión de la empresa y en todos los niveles jerárquicos. Por ello, será el documento obligatorio que defina qué hacer, cómo, quién debe hacerlo y cuándo.

Por ello, es necesario que el plan de prevención sea aprobado por la dirección de la empresa y asumido por toda su estructura organizativa. El plan será un documento que se conservará a disposición de la autoridad laboral, las autoridades sanitarias y los representantes de los trabajadores. Sus instrumentos esenciales serán la evaluación de riesgos laborales y la planificación de la actividad preventiva.

3.2.1 Evaluación de riesgos laborales

La Ley de prevención de riesgos laborales establece la obligación del empresario de planificar la acción preventiva desde una evaluación inicial de riesgos y evaluarlos para determinar los equipos de trabajo, las sustancias o preparados químicos y el acondicionamiento de los lugares de trabajo. Por ello, es importante saber a qué riesgos se enfrenta la empresa para adoptar las medidas oportunas.

Se deberán conocer las condiciones de cada puesto de trabajo. La evaluación debe servir para identificar los elementos peligrosos, los trabajadores que están expuestos a ellos y la magnitud de dichos riesgos, debiendo documentarse todo el proceso de evaluación. Se tendrá que hacer una evaluación inicial y se repetirá periódicamente.

Para identificar los riesgos se utilizará un *check list* de los riesgos más habituales en la empresa, tanto en las condiciones generales de los puestos como en las específicas del personal especialmente sensible.

3.2.2 Planificación de la acción preventiva

Cuando, como resultado de la evaluación, se pongan de manifiesto las situaciones de riesgo, el empresario planificará la acción preventiva. Su objetivo será eliminar, controlar o reducir dichos riesgos.

Esa planificación incluirá:

- Las medidas de emergencia.
- La vigilancia de la salud.
- La formación e información de los trabajadores.
- La coordinación de todos los aspectos mencionados.

EJERCICIO 1

Elabore un listado de riesgos a los que pueda estar expuesto en un puesto de trabajo de su sector profesional.

PARA RECORDAR

El plan de prevención de una empresa es el documento obligatorio que nos define qué hacer, cómo, quién debe hacerlo y cuándo.

3.3 Organización de la prevención

Hemos visto que la gestión de la prevención supone también decidir cómo se va a organizar, es decir, quién va a participar en la misma. Por ello, son los trabajadores quienes participarán en ella mediante sus órganos de representación.

Para organizar la actividad preventiva se puede optar por distintas modalidades, dependiendo de la función principal de la actividad de la empresa y dependiendo del número de trabajadores en la misma.

Figura 3.1 Modalidades de organización de la prevención.

ASUNCIÓN POR EL EMPRESARIO	Empresas de hasta 10 trabajadores, o 25 si estos se localizan en un mismo centro de trabajo. Actividades no incluidas en el Anexo I del Reglamento de los servicios de prevención. Con conocimientos y capacidades necesarias acordes con los riesgos y la peligrosidad de las actividades.
TRABAJADORES DESIGNADOS	Uno o varios trabajadores designados. Con formación suficiente. Que cuenten con los medios adecuados para desarrollar la acción preventiva durante el tiempo necesario.
SERVICIO DE PREVENCIÓN PROPIO	Obligatorio para empresas de más de 500 trabajadores, para empresas entre 250 y 500 trabajadores que realicen trabajos del Anexo I o para aquellas no incluidas en las que la autoridad laboral lo decida o previo informe de la Inspección de Trabajo y Seguridad Social (en función de la peligrosidad de sus actividades o la siniestralidad, salvo que tengan un Servicio de Prevención Ajeno).
SERVICIO DE PREVENCIÓN AJENO	El servicio lo presta una entidad ajena cuando la designación de los trabajadores sea insuficiente, cuando no exista obligatoriedad de un servicio de prevención propio o cuando se haya optado por no asumir la totalidad de la actividad preventiva.
SERVICIO MANCOMUNADO	Es para aquellas empresas que así lo deciden, porque desarrollan su actividad en un mismo centro de trabajo o pertenecen al mismo sector, realizan sus actividades en el mismo polígono o área geográfica. Lo que se pretende es racionalizar recursos humanos y económicos. Tendrá la consideración de servicio de prevención propio para cada una de las empresas que lo conforman.

EJERCICIO 2
Busque en el Reglamento de los servicios de prevención qué actividades se encuentran en el Anexo I del mismo.

En cuanto a la **participación de los trabajadores:**

- **Delegados de prevención:** que son los representantes de los trabajadores en la empresa, con funciones específicas en materia de prevención de riesgos laborales.

  Sus competencias son: colaborar con la dirección, promover y fomentar la cooperación entre los trabajadores, ser consultados en materia de salud laboral y ejercer una labor de vigilancia y control.

Figura 3.2 Número de delegados de prevención según el número de trabajadores en la empresa.

NÚMERO DE TRABAJADORES	NÚMERO DE DELEGADOS DE PERSONAL
DE 10 A 49	1
DE 50 A 100	2
DE 101 A 500	3
DE 501 A 1000	4
DE 1001 A 2000	5
DE 2001 A 3000	6
DE 3001 A 4000	7
DE 4001 EN ADELANTE	8

- En cuanto al **comité de seguridad y salud:** es el órgano paritario y colegiado de participación, y consulta de las actuaciones de la empresa sobre prevención de riesgos laborales. Está formado por los delegados de prevención y por los representantes de la empresa.

3.4 Valoración del riesgo laboral

Después de la identificación de los riegos tendremos que llevar a cabo una valoración del riesgo laboral. Para la estimación del riesgo, nos basamos en la probabilidad de que ocurra el daño y en la consecuencia de dicho daño, es decir, su gravedad.

Figura 3.3 Probabilidad de los daños.

ALTA	El daño ocurre siempre o casi siempre.
MEDIA	El daño ocurre en ocasiones.
BAJA	El daño ocurre raras veces.

Figura 3.4 Gravedad de los daños.

LIGERAMENTE DAÑINO	Cortes, irritación de los ojos, dolor de cabeza…
DAÑINO	Quemaduras, fracturas, conmociones, asma, sordera…
EXTREMEDAMENTE DAÑINO	Amputaciones, intoxicaciones, múltiples lesiones, fracturas graves…

Después de analizar y estimar los riesgos, atendiendo a estos dos factores (la probabilidad de que sucedan y la gravedad del daño causado), pasamos a valorarlos, atendiendo a la calificación que figura en la siguiente tabla:

Figura 3.5 Calificación del riesgo.

		GRAVEDAD		
		LIGERA- MENTE DAÑINO	DAÑINO	EXTREMA- DAMENTE DAÑINO
P R O B A B I L I D A D	BAJA	T	TO	M
	MEDIA	TO	M	IM
	ALTA	M	IM	IN

Figura 3.6 Calificación y acción ante el riesgo.

RIESGO	ACCIÓN
TRIVIAL (T)	No se requiere acción específica.
TOLERABLE (TO)	No se necesita mejorar la acción preventiva. Precisa comprobaciones periódicas.

Figura 3.6 (Continuación).

RIESGO	ACCIÓN
MODERADO (M)	Deben tomarse medidas para reducir el riesgo.
IMPORTANTE (IM)	No hay que comenzar el trabajo hasta que se haya reducido el riesgo. Si el trabajo se está llevando a cabo, el problema debe remediarse en breve.
INTOLERABLE (IN)	No debe comenzarse ni continuarse el trabajo hasta que se reduzca el riesgo.

3.5 Medidas de prevención

Como hemos visto, en el trabajo estamos expuestos a riesgos que pueden ocasionar daños para la salud y es una obligación por parte de la empresa la protección eficaz de sus trabajadores ante esos riesgos. Para ello, la empresa puede utilizar dos tipos de técnicas:

- **Técnicas de prevención:** actúan directamente sobre los riesgos a fin de evitar que lleguen a materializarse.
- **Técnicas de protección:** actúan sobre las consecuencias de los riesgos para reducirlas o eliminarlas.

3.5.1 Técnicas de prevención

Las técnicas de prevención son distintas pero complementarias. Son las siguientes:

A. Seguridad en el trabajo

La seguridad laboral tiene como objetivo la lucha contra los accidentes de trabajo. Actúa sobre las condiciones de los locales, la maquinaria y las herramientas. Ejemplo: diseño de maquinaria con protección adecuada para impedir el contacto de los trabajadores con sus partes peligrosas.

B. Higiene industrial

Actúa frente a los contaminantes ambientales derivados del trabajo, con la finalidad de prevenir la aparición de enfermedades profesionales de los individuos expuestos a ellos. Actúa de la siguiente forma:

- Identifica los factores de riesgo.
- Mide la intensidad del agente, el tiempo de exposición y todos los datos complementarios.
- Valora el riesgo comparándolo con los valores de referencia (valores límite ambientales).
- Corrige la situación si fuera necesario.
- Realiza controles periódicamente.
- Se ocupa de la vigilancia de la salud.

C. Ergonomía

Estudia la adaptación del trabajo a las condiciones fisiológicas y psicológicas del trabajador, para evitar la aparición de la fatiga física o mental. Se ocupa de aspectos diversos, como distribución de espacios, tiempo y carga de trabajo... Se encarga del diseño del mobiliario, con el objetivo de favorecer la adopción de posturas adecuadas del trabajador (reposapiés, reposamuñecas...).

D. Psicosociología laboral

Previene los daños psicológicos que el trabajador puede sufrir como consecuencia del trabajo. Estudia los aspectos psíquicos y sociales del individuo en el ambiente de trabajo. Actúa a través de la selección de personal, de la orientación profesional y del clima laboral. Se ocupa de favorecer ambientes de trabajo adecuados para el trabajador que impidan la aparición de riesgos psicosociales.

E. Medicina laboral

Su objetivo es mantener la salud del trabajador en estado óptimo. Se centra en tres niveles:

- Prevención: para evitar la aparición de las enfermedades. Ejemplo: mediante la realización de reconocimientos médicos y la educación sanitaria.

- Curación: reduciendo los efectos del daño mediante el diagnóstico y el tratamiento.

- Reparación: a través de la rehabilitación.

EJERCICIO 3

Señale qué técnica de prevención sería la más conveniente para una persona trabajadora en una empresa de confección textil que trabaja como operaria con una máquina de coser ocho horas diarias.

PARA RECORDAR

Las técnicas de prevención son distintas pero complementarias, y la prevención es el conjunto de medidas adoptadas o previstas en todas las fases de la actividad de la empresa dirigidas a evitar la aparición de riesgos laborales. De este modo, hablamos de medidas técnicas, como son: selección de equipos y diseños adecuados, sustitución de productos peligrosos, aislamiento del proceso, mantenimiento, orden y limpieza, ventilación, sistemas de alarma y encerramiento del trabajador, y de medidas organizativas, como rotación del personal, formación e información y control médico.

3.5.2 Técnicas de protección

Se aplican contra los riesgos que no han podido evitarse o eliminarse totalmente. Pueden ser colectivas o individuales, pero se señala que habrá que adoptar medidas que antepongan la protección colectiva a la individual.

A. Medidas de protección colectiva

Son todas aquellas medidas que tienen como objetivo la protección simultánea de varios trabajadores, expuestos a un determinado riesgo; podrían ser, por ejemplo, los resguardos en las máquinas, los dispositivos de seguridad, barandillas, redes de seguridad, plataformas circundantes, la ventilación, la señalización...

Figura 3.7 Tipos de señalización.

POR LA FORMA	POR EL COLOR
Señales en forma de panel Señales luminosas Señales acústicas Comunicaciones verbales Señales gestuales	**Rojo:** señal de prohibición. Comportamientos peligrosos. Material y equipos de lucha contra incendios. Identificación y localización. **Amarillo:** señal de advertencia. Atención, precaución. **Azul:** señal de obligación. Comportamiento o acción específica. Obligación de utilizar un equipo de protección individual. **Verde:** señal de salvamento o de auxilio. Puertas, salidas, pasajes, material, puestos de salvamento o de socorro, locales.

B. Medidas de protección individual

Se trata de todos aquellos equipos que están destinados a ser llevados o sujetados por el trabajador para protegerlo de uno o varios riesgos que puedan amenazar su seguridad y salud. Todos los EPI deben llevar el marcado CE. Deben ser facilitados por el empresario de forma gratuita. Pero el trabajador, a su vez, debe cuidarlos y utilizarlos correctamente.

Figura 3.8
Algunos EPI de uso obligado.

Figura 3.9 Tipos de EPI.

Protección total del cuerpo	Ropa de trabajo Contra caídas: arnés, cinturones de seguridad, chalecos, mandiles, petos…
Protección de la cabeza	Cascos de seguridad, gorros, gorras, sombreros, caperuzas, redes…
Protección del oído	Tapones, orejeras…
Protección de ojos, cara y piel	Gafas, pantallas, cremas de protección…
Protección de las vías respiratorias	Equipos filtrantes
Protección de las manos	Guantes, manoplas, manguitos…
Protección de pies y piernas	Calzado de seguridad, polainas, rodilleras…

PARA RECORDAR

Al hablar de protección nos referimos al conjunto de medidas tendentes a eliminar, minimizar o disminuir los daños que pueden ocasionar sobre los trabajadores los diferentes riesgos previstos. Serán colectivas, por ejemplo, los resguardos, barandillas, plataformas, redes de seguridad, interruptores diferenciales o la señalización de riesgos. Serán individuales los equipos de protección individual, ya estudiados anteriormente.

La aplicación de las medidas de prevención y protección ayuda a controlar el riesgo laboral y será la acción requerida ante la estimación y valoración del riesgo.

Reto profesional

Realice un listado de riesgos de una auxiliar de enfermería que trabaja en un hospital y enumere los equipos de protección individual que necesita para poder desarrollar su trabajo con una protección eficaz de su seguridad y salud.

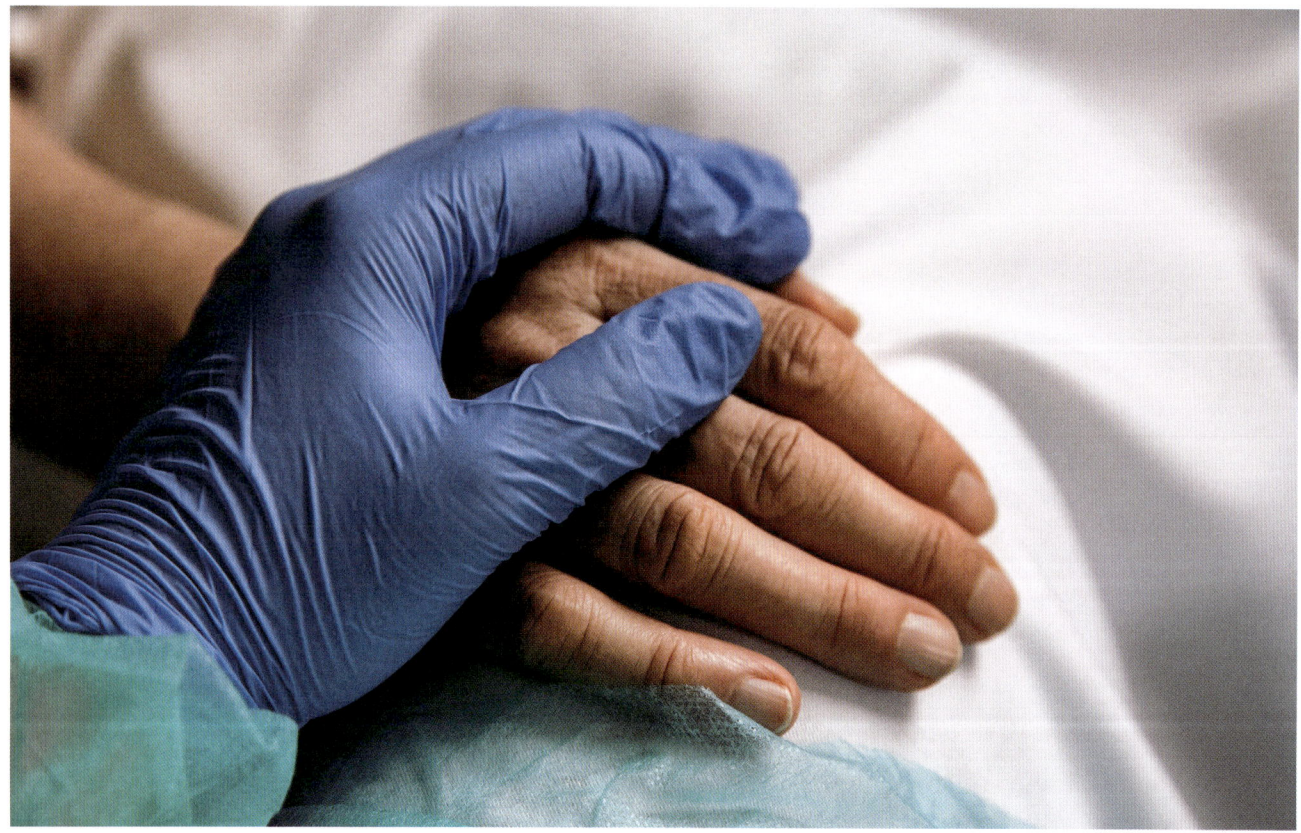

Figura 3.10
Auxiliar de enfermería.

Mapa conceptual

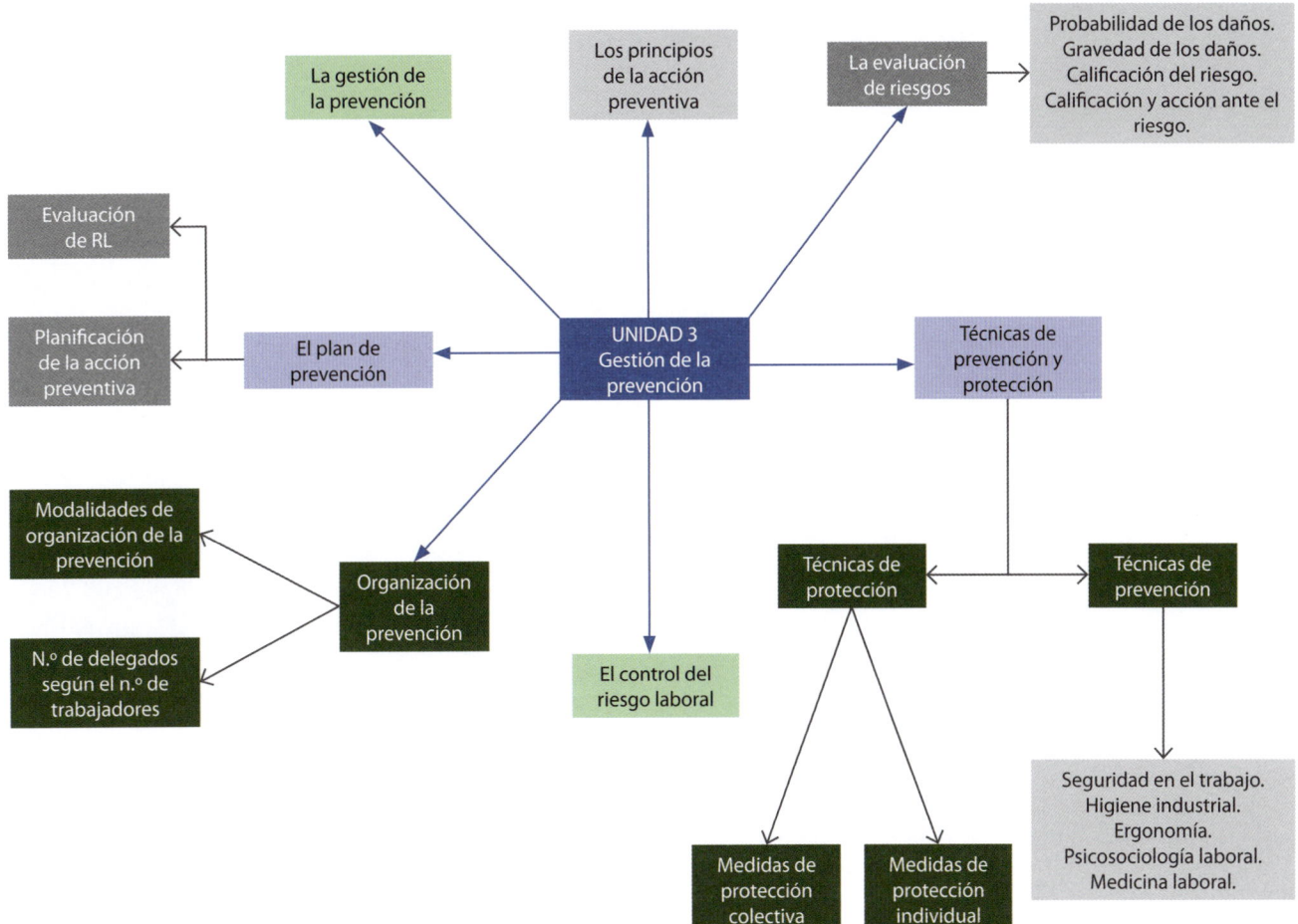

- La gestión debe integrarse en el conjunto de actividades de la empresa y en todos los niveles jerárquicos. Ha de integrarse en todos los niveles de la empresa y se deben asignar recursos humanos y materiales para su desarrollo.

- Los principios de acción preventiva se encuentran recogidos en el artículo 15 de la LPRL.

- El plan de prevención será el documento obligatorio que defina qué hacer, cómo, quién debe hacerlo y cuándo. Se conservará a disposición de la autoridad laboral, las autoridades sanitarias y los representantes de los trabajadores.

- La evaluación debe servir para identificar los elementos peligrosos, los trabajadores que están expuestos a ellos y la magnitud de dichos riesgos, debiendo documentarse todo el proceso de evaluación. Se tendrá que hacer una evaluación inicial y se repetirá periódicamente.

- La planificación preventiva incluirá las medidas de emergencia, la vigilancia de la salud, la formación e información de los trabajadores y la coordinación de todos los aspectos mencionados.

- Para organizar la actividad preventiva se puede optar por distintas modalidades, dependiendo de la función principal de la actividad de la empresa y dependiendo también del número de trabajadores.

- La participación de los trabajadores en la prevención se llevará a cabo por medio de los delegados de prevención y de los miembros del comité de seguridad y salud.

- Después de la identificación de los riesgos se tendrá que llevar a cabo una valoración del riesgo laboral. Para la estimación del riesgo, nos basamos en la probabilidad de que ocurra el daño y en la consecuencia de dicho daño, es decir, su gravedad. Con estas premisas podemos calificar el daño y establecer la acción correctora.

- La empresa puede establecer técnicas de prevención y de protección.

- Las técnicas de prevención son distintas pero complementarias. Son la seguridad, la higiene en el trabajo, la ergonomía, la psicosociología y la medicina del trabajo.

- Las técnicas de protección se aplican contra los riesgos que no han podido evitarse o eliminarse totalmente. Pueden ser colectivas o individuales, pero se señala que habrá que adoptar medidas que antepongan la protección colectiva a la individual.

1. La gestión en la prevención de riesgos laborales:

a) Debe anticiparse a las situaciones que puedan producirse en la empresa.

b) No debe esperar para reparar los daños causados en la salud de los trabajadores.

c) Debe integrarse en el conjunto de actividades de la empresa y en todos los niveles jerárquicos.

d) Todas son correctas.

2. Son principios de acción preventiva:

a) No combatir el riesgo en su origen.

b) Anteponer las medidas individuales a las colectivas.

c) Adaptar el trabajo a la persona.

d) No tener en cuenta la evolución de la técnica.

3. Son modalidades de organización de la prevención:

a) La designación de trabajadores.

b) El servicio de prevención propio.

c) El servicio de prevención ajeno.

d) Todas son correctas.

4. Los delegados de prevención son:

a) Representantes de los trabajadores en la empresa con funciones generales.

b) Representantes de los trabajadores en la empresa con funciones específicas en materia de prevención de riesgos laborales.

c) Representantes de los empresarios en la empresa con funciones específicas en materia de prevención de riesgos laborales.

d) Ninguna es correcta.

5. Un riesgo es extremadamente dañino en el caso de:

a) Quemaduras superficiales.

b) Conmociones.

c) Sordera.

d) Amputaciones.

6. Si se puede calificar el riesgo de trivial:

a) Se debe parar la actividad de forma inmediata.

b) No se requiere acción específica.

c) No se puede trabajar bajo ningún concepto.

d) Todas son ciertas.

7. La ergonomía:

a) Estudia la adaptación del trabajo a las condiciones fisiológicas y psicológicas del trabajador para evitar la aparición de la fatiga física o mental.

b) Es una técnica de prevención.

c) Previene la fatiga.

d) Todas son ciertas.

8. Los equipos de protección individual:

a) Son todos aquellos equipos que no están destinados a ser llevados o sujetados por el trabajador para protegerlo de uno o varios riesgos que puedan amenazar su seguridad y salud.

b) No deben llevar marcado CE.

c) Son todos aquellos equipos que están destinados a ser llevados o sujetados por el trabajador para protegerlo de uno o varios riesgos que puedan amenazar su seguridad y salud.

d) Todas son falsas.

9. Una señal verde es:

a) De peligro.

b) De salvamento o auxilio.

c) De obligación.

d) De advertencia.

10. Son equipos de protección individual:

a) Guantes.

b) Gafas protectoras.

c) Botas.

d) Todas las anteriores.

ACTIVIDAD 1

Para un trabajador de la construcción que es peón albañil, determine cuáles serían los equipos de protección individual más adecuados.

ACTIVIDAD 2

Ante las situaciones que enumeramos, diga qué técnica de prevención sería la más adecuada y por qué:

- Instalaciones viejas y anticuadas.

- Poca iluminación en el local.

- Trabajadora en una residencia sin ayuda mecánica.

- Trabajador de una cadena de montaje con una titulación superior que hace un trabajo que no le gusta.

ACTIVIDAD 3

En el siguiente supuesto, determine el riesgo, su probabilidad, su gravedad, la calificación del mismo y las medidas que deberíamos adoptar:

«Miriam ha terminado su ciclo de grado superior en Animación sociocultural y turística, y ya ha encontrado su primer empleo. Se trata de una ludoteca. Se encarga de preparar la animación para los cumpleaños, fiestas… El otro día llegó un grupo de 20 niños de 8-10 años. No paraban de chillar y el ruido era insoportable, y, además, la música estaba muy alta. El aire acondicionado del local no funciona debido a un posible brote de legionela, con lo cual hace un calor sofocante.

Además de eso, se encarga por las mañanas de pasar los listados de los clientes al ordenador, tarea que la lleva, a veces, a estar más de cuatro horas frente al ordenador; no tiene portadocumentos y la silla es pequeña y de plástico, y, además, no le llegan los pies al suelo. Algunos productos, como amoníaco o salfumán, que se utilizan para limpiar el local, no están catalogados y su etiquetado es casi ilegible; además, se encuentran dentro de un pequeño armario en su despacho».

U 4

Medidas de emergencia y primeros auxilios

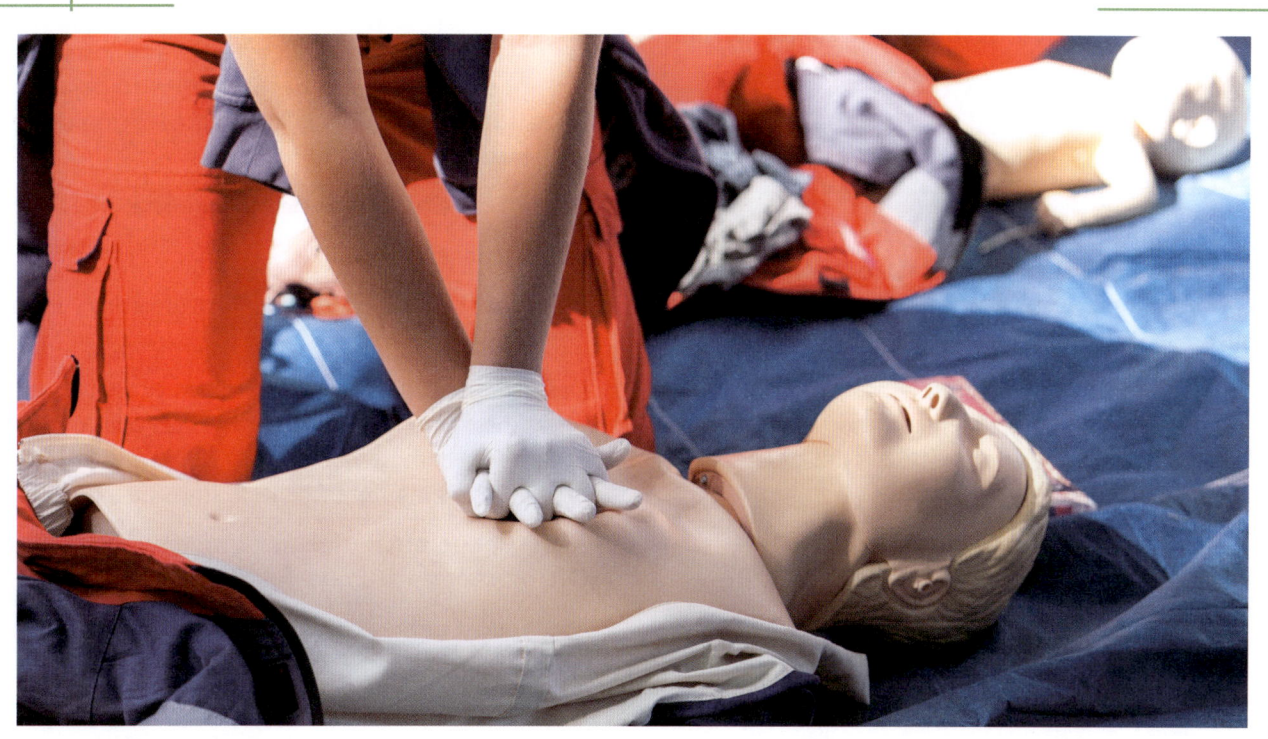

En esta unidad va a estudiar:

- Las medidas de emergencia
- El plan de autoprotección
- El plan de emergencia
- Técnicas básicas en primeros auxilios
- El botiquín

Con su estudio, va a ser capaz de:

- Analizar los protocolos de actuación en caso de emergencia.
- Identificar las técnicas básicas de primeros auxilios que han de ser aplicadas en el lugar del accidente ante distintos tipos de daños.
- Conocer la composición y uso del botiquín.

4.1 Las medidas de emergencia

Cuando hablamos de emergencia, nos referimos a una situación repentina que puede ocasionar un daño muy alto, tanto para las personas como para las instalaciones en una empresa, y que requiere de una actuación inmediata y eficaz para su control.

El empresario, por la obligación de velar por la seguridad y salud de sus trabajadores, debe prever las posibles situaciones de emergencia y, por lo tanto, afrontarlas tomando las medidas necesarias en primeros auxilios, evacuación y lucha contra incendios. Además, designará a los trabajadores que deben actuar en caso de emergencia, que tendrán la formación y el material adecuados y serán suficientes en número, y organizará las relaciones con los agentes o servicios externos que deban intervenir en primeros auxilios, asistencia médica de urgencia, salvamento y lucha contra incendios.

4.1.1 El plan de autoprotección

Conforme al Real Decreto 393/2007, el plan de autoprotección es el **documento que establece el marco orgánico y funcional previsto para un centro, establecimiento, espacio, instalación o dependencia**.

Su objetivo es prevenir y controlar los riesgos, tanto en las personas como en los bienes, dando una respuesta adecuada e integrando estas actuaciones en el sistema público de protección civil.

Figura 4.1 Diferencias entre plan de autoprotección y plan de emergencias.

	REGULACIÓN	EMPRESAS
PLAN DE AUTOPROTECCIÓN	RD 393/2007	SOLO LAS DEL REAL DECRETO
PLAN DE EMERGENCIAS	LPRL 31/1995	TODAS

En cuanto al contenido del plan de autoprotección, a grandes rasgos, conforme al Anexo II de la norma básica sobre autoprotección, será el siguiente:

- Identificación de los titulares y del emplazamiento de la actividad.
- Descripción detallada de la actividad y del medio físico en el que se desarrolla.
- Inventario, análisis y evaluación de los riesgos.
- Inventario y descripción de las medidas y medios de autoprotección.
- Programa de mantenimiento de instalaciones.

- Plan de actuación ante emergencias.
- Integración del plan de autoprotección en otros de ámbito superior.
- Implantación del plan de autoprotección.
- Mantenimiento de la eficacia y actualización del plan de autoprotección.

4.1.2 El plan de emergencias

El plan de emergencias es obligatorio para todas las empresas y recoge las medidas de prevención y protección ya realizadas o previstas para evitar accidentes y las actuaciones en caso de siniestro. Por lo tanto, habrá que analizar las posibles situaciones de emergencia, establecer quiénes van a ser los responsables de la intervención y, por último, establecer el procedimiento de actuación con relación a primeros auxilios y lucha contra incendios y la evacuación de los trabajadores. Así viene determinado en la ley de prevención de riesgos laborales.

1. **Identificar situaciones de emergencia**

Se deberá, por ello:

a) Identificar la instalación, su emplazamiento y los accesos.

b) Describir áreas de trabajo con riesgo potencial, identificar instalaciones de agua, gas y equipos contra incendios, así como señalización y alumbrado de emergencia, y sistemas internos y externos de aviso.

c) Anotar las personas y los cuadros de presencia en las diferentes áreas y turnos.

2. **Calificar la gravedad de la emergencia**

Podemos hablar de:

Figura 4.2 Tipos de emergencia por su gravedad.

TIPOS	SITUACIÓN	MEDIOS	EVACUACIÓN
CONATO DE EMERGENCIA	Poca gravedad	Los que se dispone	No necesaria
EMERGENCIA PARCIAL	No neutralizada de forma inmediata	Requiere de la ayuda de medios	Parcial
EMERGENCIA GENERAL	Supera la capacidad de actuación	Pedir ayuda externa	Total

3. Equipo de emergencias

En el plan de emergencias se ha de identificar a las personas y los equipos que son responsables de actuar:

- Jefe/a de emergencias, que coordina el plan.

- Jefe/a de intervención, que coordina los equipos de emergencias.

- Equipo de evacuación, que da la alarma y dirige la evacuación.

- Equipo de primera intervención, que acude al lugar e intenta controlar la emergencia.

- Equipo de primeros auxilios, que presta los primeros auxilios y ayuda a la evacuación de los heridos.

4. Procedimiento de actuación

Las personas responsables serán las que desarrollen las acciones que tienen encomendadas. Así, distinguimos entre una **situación de alerta,** que es un primer aviso o conato de emergencia en la que se evalúa la situación, de lo que sería una **situación de alarma,** que requerirá unas actuaciones concretas de los equipos de intervención, atendiendo a la gravedad de la emergencia. Y por último, tendríamos la **evacuación,** en la que habrá que seguir unos principios básicos que enunciamos a continuación; sin embargo, hay que decir que en la empresa nos servirán los simulacros, que serán los ensayos de entrenamiento de actuación en caso de emergencia.

- Mantener la calma.

- Transmitir la alarma.

- Seguir las indicaciones del personal de evacuación.

- Desalojar inmediatamente las instalaciones, abandonar sin recoger las pertenencias.

- Salir rápido, sin correr y pegados a las paredes de las vías de evacuación.

- Utilizar las **vías de evacuación** establecidas al respecto.

- Cerrar ventanas.

- Cerrar las puertas que se vayan atravesando.

- No utilizar los ascensores.

- No retroceder.

- No detenerse en las salidas.

- En caso de humo, taparse boca y nariz, y salir gateando.

- Acudir al punto de encuentro o de evacuación establecido.

4.2 Los primeros auxilios

Cuando hablamos de primeros auxilios, nos referimos a aquellas actuaciones iniciales ante un accidentado, en el mismo lugar y hasta que llegue la asistencia especializada. Debemos saber que es un delito el de omisión del deber de socorro, observar a una persona en situación de peligro y no auxiliarla o no solicitar ayuda de un tercero en caso de no poder hacerlo personalmente.

Sus objetivos serán:

- Evitar la muerte.

- Impedir el agravamiento de las lesiones.

- Evitar más lesiones de las ya producidas.

- Aliviar el dolor.

- Evitar infecciones o lesiones secundarias.

- Ayudar a la recuperación del lesionado o facilitarla.

4.2.1 Pauta general de actuación (P.A.S.)

Debemos pensar que de una rápida actuación dependerá la vida o la muerte de una persona o que su situación empeore. Por este motivo, en la empresa, los trabajadores deben estar entrenados para saber cómo actuar. Para ello, seguiremos la pauta P.A.S.:

- PROTEGER: alejaremos el peligro, tanto del accidentado como de nosotros mismos.

- AVISAR: al 112. Para ello, nos identificaremos, diremos el lugar exacto del accidente, el número de accidentados, las heridas que sufren..., y es muy importante estar siempre comunicados y disponibles.

- SOCORRER: procederemos a realizar un triaje, con el objetivo de determinar a qué heridos socorreremos primero. Para ello, asignaremos a la víctima una tarjeta de color que dará prioridad a la hora de atenderlo. El rojo será prioridad máxima; luego, amarillo y, al final, verde. El negro será para los fallecidos.

4.2.2 El botiquín

Hemos visto que todas las empresas deben dispensar auxilio a sus empleados, aunque dependerá del tipo de empresa, su tamaño, su actividad, su cercanía o no a un centro hospitalario y del hecho de que se tenga una sala especial o, simplemente, un botiquín portátil. Eso sí, todas las empresas deberán tener un botiquín portátil, porque así es fácilmente desplazable al lugar del accidente. Tendrá que estar en un lugar visible y señalizado, y, además, debe ser revisado periódicamente. En principio, todo botiquín debe contener un contenido mínimo:

- Desinfectantes y antisépticos
- Gasas estériles
- Algodón hidrófilo
- Vendas
- Esparadrapo
- Apósitos adhesivos
- Tijeras
- Pinzas
- Guantes desechables

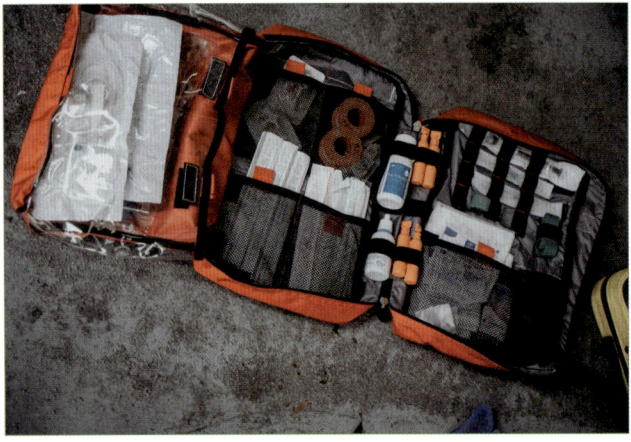

Figura 4.3 Botiquín portátil.

4.3 Técnicas de actuación ante diferentes situaciones

Hemos visto que la vida o la muerte de una persona accidentada depende de cómo actuamos, de la rapidez y de la diligencia. Por eso, explicaremos las pautas de actuación ante diversas situaciones, una vez fuera de peligro el accidentado.

4.3.1 Traumatismos

Una de las causas principales de accidentes laborales son las provocadas por caídas a un mismo nivel o a distinto nivel, los golpes y los choques. Por ello, podemos hablar de:

Figura 4.4 Tipos de traumatismos.

TIPO	DEFINICIÓN	ACTUACIÓN
CONTUSIÓN	Lesión de tejidos blandos causada por golpe directo de un agente externo.	Aplicar hielo o paños humedecidos con agua fría sobre la zona afectada durante periodos de 100 minutos y descansos de 15 y 20 minutos.
ESGUINCE	Lesión por distensión de los ligamentos articulares.	Reposo y elevación de la zona afectada. Si aparece una deformidad de la zona: no manipular. En contusiones graves, inmovilizar la zona y evacuar al herido a un centro hospitalario.
LUXACIÓN	Separación de dos extremos de los huesos en el lugar donde se encuentran en una articulación.	NUNCA: intentar reducirla. Forzar al accidentado para que mueva la articulación. Aplicar pomadas antiinflamatorias o dar analgésicos.
FRACTURAS	Ruptura total o parcial del hueso. Puede ser abierta, cuando el hueso asoma por herida en la piel, o cerrada.	INMOVILIZACIÓN: - Reducir el movimiento. - Evitar el empeoramiento de la fractura. - Prevenir complicaciones por daños de estructuras vecinas. - Aliviar el dolor. - Evitar el *shock*. - Utilizar férulas, cabestrillos o un miembro sano para la inmovilización. - En el caso de heridas, protegerlas con gasas para evitar infecciones.

EJERCICIO 3

En una empresa, un trabajador ha caído de diferente altura, con tan mala suerte que ha sufrido un esguince en el tobillo. Como ha sido el primero en llegar, diga qué técnicas básicas en primeros auxilios debe practicarle.

4.3.2 Heridas

Una herida es una discontinuidad en la piel. Al romperse esta, su capacidad protectora disminuye y se incrementa el riesgo de infecciones.

Podemos hablar de:

- **Heridas incisas:** los objetos que las producen tienen filo. Tienen bordes regulares limpios. Sangran mucho, aunque son poco profundas y se infectan poco.

- **Heridas punzantes:** causadas por objetos con punta. Son pequeñas y profundas. Sangran poco, pero se infectan mucho.

- **Heridas contusas:** producidas por golpes de objetos que no tienen ni punta ni filo (puñetazo, martillazo…). De bordes y sangrado irregular. Se suelen infectar y complicar.

Lo que NUNCA DEBEMOS HACER EN CASO DE HERIDAS:

- Manipularlas, a no ser que sean superficiales.

- Limpiarlas con algodón, pañuelos o servilletas de papel.

- Utilizar alcohol o lejía.

- Emplear pomadas o polvos con antibióticos.

- Utilizar antisépticos colorantes.

- Extraer cuerpos extraños enclavados.

- Manipularlas con las manos sucias o ponerlas en contacto con objetos en un estado higiénico inadecuado.

EJERCICIO 4

Una compañera ha sufrido una herida en la mano al clavarse una grapa. Diga qué tipo de herida es, cómo actuaría y qué es lo que no debe hacer nunca ante esta situación.

4.3.3 Hemorragias

Son la salida de sangre fuera del sistema circulatorio. El cuerpo humano tiene unos cinco litros en total u 80 centímetros cúbicos por kilogramo; por lo tanto, en un adulto, la pérdida de sangre de:

- Medio litro: es tolerado.

- Litro y medio: puede producir *shock* hipovolémico y muerte.

- Más de tres litros: produce la muerte rápidamente por colapso.

Figura 4.5 Tipos de hemorragias.

HEMORRAGIA EXTERNA	HEMORRAGIA INTERNA	HEMORRAGIA EXTERIORIZADA
La sangre sale al exterior del organismo.	La sangre sale del aparato circulatorio para alojarse en una cavidad.	Siendo hemorragia interna, la sangre sale al exterior por orificios naturales.

Figura 4.6 Tipos de hemorragias por vaso sanguíneo afectado.

HEMORRAGIA ARTERIAL	HEMORRAGIA VENOSA	HEMORRAGIA CAPILAR
Salida intermitente de sangre. Sangre roja brillante.	Salida continua. Sangre roja oscura.	Poca salida de sangre.

Por este motivo, ante una **hemorragia externa** hay que detenerla:

En primer lugar, mediante la **compresión directa del punto sangrante** por medio de un apósito o gasa estéril, comprimimos la herida para cortar la hemorragia, haciendo vendaje compresivo y si es necesario, aplicamos más gasa encima. Nunca quitamos el vendaje. Si es un miembro, lo elevamos para mantener la circulación.

En segundo lugar, por la **compresión directa del vaso sanguíneo**. Aquí la presión se ejerce directamente sobre la arteria. Conviene no olvidar que esta técnica reduce la irrigación de todo el miembro y no solo de la herida, como sucede en la presión directa.

Por ello:

- Si la hemorragia cesa después de tres minutos de presión, debemos soltar lentamente el punto de presión directa.

- Si por el contrario continúa, debemos volver a ejercer presión sobre la arteria.

Por último, si no fuera posible la compresión y, en casos excepcionales, aplicaríamos el **torniquete**. Pautas:

- Ejecutarlo en el extremo proximal del miembro afectado (lo más cerca posible del tronco o del abdomen, según se trate del brazo o de la pierna, respectivamente).

- Utilizar una banda ancha.

- Anotar la hora de colocación.

- Ejercer solo la presión necesaria para detener la hemorragia.
- No aflojarlo nunca.

PARA RECORDAR

En caso de hemorragias externas, NO se debe quitar las gasas empapadas ni practicar torniquetes, salvo en los casos indicados.

Las **hemorragias internas** son difíciles de detectar y siempre precisan tratamiento médico urgente.

Podemos sospechar una hemorragia interna por la existencia de fuertes traumatismos con síntomas y signos de fallo circulatorio:

- Piel pálida, fría y sudorosa
- Pulso débil y rápido
- Respiración rápida y superficial
- Inquietud
- Ansiedad
- Somnolencia

Deben tomarse medidas de soporte vital básico (vigilar consciencia, respiración y pulso, etc.), hasta la llegada de la atención especializada o hasta proceder a la evacuación urgente, preferentemente en ambulancia, controlando siempre los signos vitales (consciencia, respiración, circulación, etc.).

Figura 4.7 Tipos de hemorragias exteriorizadas.

EPITAXIS	OTARRAGIA
Por la nariz, como consecuencia de trauma sobre la misma, subida de tensión o dilataciones de las venas nasales hasta su ruptura.	Es la salida de sangre por el oído, y es un signo indirecto de fractura de la base del cráneo en traumatizados.
Actuación: presión directa sobre tabique nasal (5 minutos). Cabeza inclinada hacia delante.	**Actuación:** no taponar el oído sangrante. No limpiar la sangre. Soporte vital básico: no dejarle mover la cabeza, no darle de beber ni comer, abrigarle, vigilar la respiración, etc. Contactar con un servicio especializado de forma urgente.

PARA RECORDAR

En una hemorragia de oído nunca se debe intentar detener la hemorragia.

NO se debe poner la cabeza hacia atrás en el caso de una epitaxis, porque provocamos la deglución de la sangre.

EJERCICIO 5

Un trabajador ha sufrido una caída, se ha golpeado la cabeza y ha empezado a sangrar por el oído. Diga de qué tipo de hemorragia se trata y cómo se debe proceder.

4.3.4 Quemaduras

Las quemaduras son lesiones de los tejidos blandos producidas por agentes físicos (llamas, radiaciones, electricidad, etc.) o químicos.

Figura 4.8 Tipos de quemaduras por su profundidad.

DE PRIMER GRADO	Afectan a la capa superficial de la piel (epidermis), que no resulta destruida, sino simplemente irritada. Provocan dolor y enrojecimiento. A esta lesión se le denomina **eritema**. La curación es espontánea en 3 o 4 días. Ejemplo: las quemaduras solares.
DE SEGUNDO GRADO	Profundas y afectan a la epidermis. Se caracterizan por la aparición de ampollas rojizas y húmedas, llenas de un líquido claro (flictenas), y cierto dolor. La curación con métodos adecuados se produce entre 5 y 7 días.
DE TERCER GRADO	Se produce una destrucción profunda de todas las capas de la piel e incluso tejidos más profundos. Se caracterizan por una lesión de aspecto entre lo carbonáceo y el blanco nacarado (escara) y por ser indoloras debido a la destrucción de las terminaciones nerviosas de la zona.

También podemos clasificarlas atendiendo a la **extensión de la superficie del cuerpo quemado.**

Para calcular la extensión de una quemadura, se suele utilizar **«la regla de los nueves»,** que implica dividir la superficie corporal en áreas que representan el 9%, o múltiplos de esta cantidad, del total de la superficie corporal.

Figura 4.9 Regla de los nueves (regla de Wallace).

«REGLA DE LOS 9»
Cabeza y cuello: 9 %
Tronco anterior: 18 %
Tronco posterior: 18 %
Una extremidad superior: 9 %
Una extremidad inferior: 18 %
Zona genital: 1 %

Figura 4.10 Tipos de quemaduras por su extensión.

LEVE	Menos del 15 % de la Superficie del Cuerpo Quemada (SPQ).
MODERADA	Del 15 al 49 % de SCQ.
GRAVE	Del 50 al 69 % de SCQ.
MASIVA	Más del 70 % de SCQ.

NO SE DEBE HACER NUNCA:

- Aplicar pomadas, antisépticos con colorantes, remedios caseros, hielo o agua helada.

- Enfriar demasiado al paciente: solo la zona quemada.

- Romper o pinchar las ampollas. Las ampollas contienen un líquido que protege la zona de una posible infección.

- Comprimir la zona quemada con el vendaje.

- Correr cuando el cuerpo está en llamas.

- Despegar la ropa o cualquier otro elemento pegado al cuerpo.

- Vendar dedos juntos.

- Dejar sola a la víctima.

- Demorar el transporte al centro hospitalario.

EJERCICIO 6

Un trabajador ha sufrido una descarga eléctrica que le ha provocado una quemadura en la mano. Le han salido unas ampollas. Explique qué tipo de quemadura es y cómo se puede actuar ante la misma.

4.3.5 Obstrucción de la vía aérea

La obstrucción de la vía aérea respiratoria puede ser debida a la comida o a cualquier cuerpo sólido. Puede ser completa o incompleta.

La actuación será mediante la **maniobra de Heimlich,** que consiste en empujar el cuerpo extraño hacia la tráquea y hacia la salida, mediante la expulsión del aire que llena los pulmones. Se debe colocar un puño justo por encima del ombligo, con el pulgar contra el abdomen.

PARA RECORDAR

NO hay que golpear la espalda, ya que podríamos provocar una obstrucción completa o introducir más el cuerpo extraño.

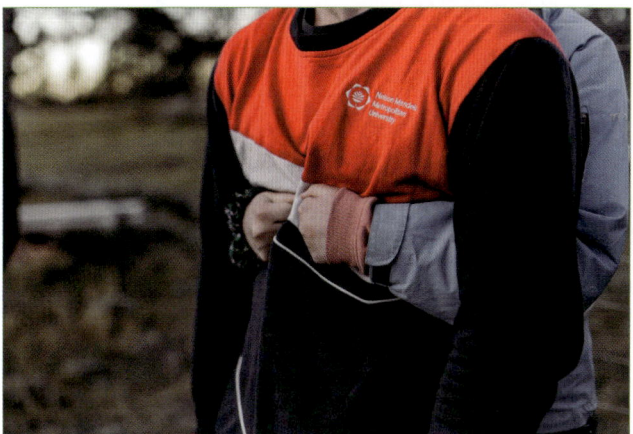

Figura 4.11 Maniobra de Heimlich.

4.3.6 Otras situaciones con pérdidas de consciencia

En estas situaciones estaríamos ante dos casos: las convulsiones y la lipotimia.

En el caso de las **convulsiones**:

1. Conservar la calma y tranquilizar a los presentes. Impedir la aglomeración de personas alrededor. Las acciones deben ser dirigidas por una sola persona.

2. Si es posible, el paciente debe permanecer en el lugar donde padeció la convulsión hasta que haya cesado la fase activa de la misma.

3. En caso de que se produzca la caída del paciente, y si se llega a tiempo, evitar lesiones a consecuencia de esta.

4. Retirar los muebles u objetos cercanos con los que pueda hacerse daño.

5. Protegerle la cabeza colocándole algún objeto blando debajo (abrigo, chaqueta...).

6. Desabrocharle el cuello de la camisa y aflojar aquellas prendas que pudieran causarle opresión.

7. Siempre que sea posible, se colocará al enfermo de lado, permitiendo que salgan de la boca la saliva y la mucosidad. En esta posición también se evita la

aspiración de los vómitos que pudiera presentar. Esta posición se denomina **posición lateral de seguridad.**

8. Se debe vigilar al enfermo hasta que finalice la crisis, observando los síntomas y el tiempo de duración, para informar posteriormente al médico.

Figura 4.12 Posición lateral de seguridad (PLS).

PAUTAS
1. Colocamos a la persona tumbada boca arriba.
2. Flexionamos el brazo del lado interno para formar un ángulo recto con su cuerpo.
3. Con la pierna del lado interno recta, flexionamos la pierna del lado externo, hasta formar un ángulo con el cuerpo.
4. Giramos el cuerpo hasta que quede de lado.
5. Colocamos el dorso de la mano del lado externo bajo la mejilla.

En el caso de la **lipotimia:**

Es un desmayo o síncope, que puede acarrear o no pérdida de conocimiento. Cuando está por producirse el desmayo, el sujeto notará los siguientes síntomas: mareo, sudoración, malestar gástrico, visión borrosa y palidez.

Lo primero que habrá que hacer es ayudarlo a tenderse y levantarle las piernas sobre el nivel del corazón. En caso de que el espacio no ayude, hay que sentarlo en una silla, inclinarlo hacia delante y colocarle la cabeza entre las rodillas, el tórax o la cintura.

También hay que tener presente:

- Que corra el aire.
- Que no quede expuesto al sol.
- Que no se agolpe una multitud a su alrededor.
- Ponerle la cabeza de lado para evitar que la lengua caiga y pueda obstruir la vía aérea, o por si vomita.
- No permitirle incorporarse rápidamente.
- No darle nada por la boca hasta que haya recuperado el conocimiento completamente.

4.4 La reanimación cardiopulmonar

Ante una persona que no responde y no respira, podemos intuir que está en una parada cardiorespiratoria, puesto que se trata de un cese brusco de la actividad cardiaca y pulmonar.

Si en la empresa no se dispone de un desfibrilador externo, o no nos lo traen, deberemos aplicar la reanimación cardiopulmonar (RCP), que es la técnica que se utiliza para poner en marcha de nuevo el corazón.

Pasos que hay que seguir:

1. Observamos la consciencia.
2. Levantamos el cuello e inclinamos parcialmente la cabeza hacia atrás.
3. Levantamos el mentón.
4. Oprimimos la nariz y soplamos en la boca abierta.
5. Comprobamos la exhalación.
6. Nos arrodillamos al lado de la víctima con espalda y brazos rectos.
7. Ponemos las manos por debajo del esternón.
8. Realizamos 2 insuflaciones y 30 compresiones.
9. No paramos hasta que llegue la ayuda especializada o hasta que la víctima se recupere, o si nosotros desfallecemos.
10. En caso de ser dos personas, nos turnamos.
11. Si tuviésemos en la empresa un desfibrilador, lo colocaremos, lo aplicaremos y daremos una descarga, y continuaremos así hasta la recuperación.
12. Si el accidentado se recupera, deberemos ponerlo en posición lateral de seguridad.

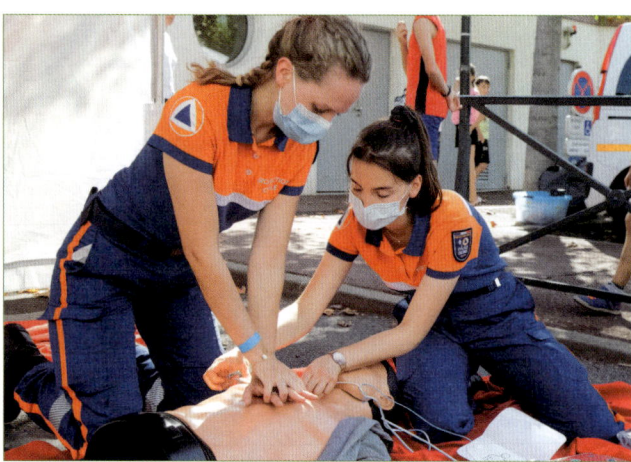

Figura 4.13 Reanimación cardiopulmonar.

Reto profesional

Practique junto a su compañero de clase, la maniobra de Heimlich y la posición lateral de seguridad. Determine primero los pasos a seguir. Para ello, elabore previamente un esquema junto a su pareja, para después ponerlo en práctica. Utilice una esterilla o colchoneta pequeña.

Mapa conceptual

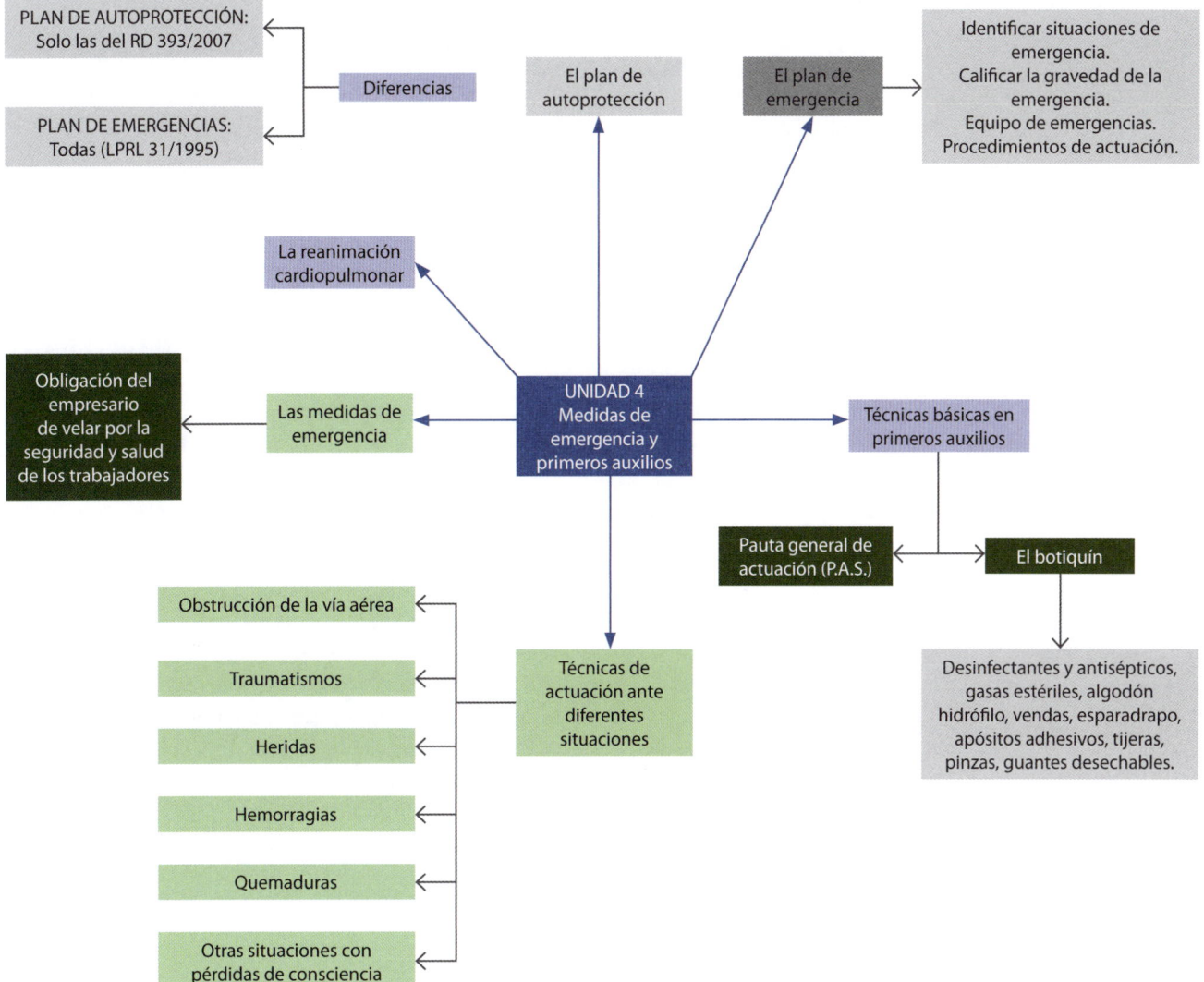

- Toda emergencia en la empresa requiere de una actuación inmediata y puede provocar daños, tanto a las personas como a los bienes.

- El plan de emergencias es obligado que lo tengan todas las empresas conforme a la Ley de prevención de riesgos laborales, mientras que el plan de autoprotección es obligado para determinadas empresas reguladas en el RD 393/2007.

- Debemos diferenciar una emergencia por su gravedad, de forma que puede ser un conato, una emergencia parcial o una emergencia total. La principal diferencia es que el conato se puede controlar por medios propios, mientras que la emergencia parcial y la total requieren de ayuda externa.

- En el plan de emergencia se deben determinar las personas y los equipos que van a intervenir, así como el plan de evacuación, para diferenciar entre una situación de alerta y otra de alarma. Es importante que las empresas hagan simulacros para entrenar a los trabajadores ante las distintas situaciones con las que se pueden encontrar.

- Los primeros auxilios son las actuaciones iniciales ante un accidentado en el mismo lugar, hasta que llegue la asistencia especializada.

- Deberemos seguir la pauta de actuación P.A.S. para practicar los primeros auxilios: proteger, avisar y socorrer.

- Las empresas deben tener obligatoriamente un botiquín portátil.

- Debemos saber cómo actuar antes diversas situaciones que puedan ocurrir en la empresa a causa de un accidente. Así, deberemos diferenciar, en un traumatismo, si se trata de una contusión, un esguince, una luxación o una fractura. En la contusión y el esguince, aplicando hielo en la zona, podremos ayudar al accidentado. En la luxación, nunca debemos intentar poner el hueso en su sitio, y en la fractura deberemos inmovilizar el miembro fracturado.

- En cuanto a las heridas, procederemos a hacer una primera cura, limpiando la herida, y no quitaremos nunca ningún cuerpo enclavado. En las hemorragias deberemos identificar de qué tipo son y comprimiremos para taponarla, pero solo usaremos el torniquete en casos excepcionales.

- En las quemaduras, debemos diferenciar los tipos por su gravedad y por la extensión de la zona afectada. Es importante y recomendable saber qué es lo que no se puede hacer bajo ningún concepto.

- La obstrucción de la vía aérea puede ser completa o incompleta, y deberemos practicar la maniobra de Heimlich.

- Se puede dar el caso de que el accidentado haya sufrido una lipotimia o que tenga convulsiones. En este caso, es recomendable proteger al accidentado para que no sufra ningún riesgo mayor, bien por una caída o por golpes con otros objetos.

- Es importante saber practicar una reanimación cardiopulmonar, ya que no en todos los centros de trabajo se dispone de un desfibrilador. La reanimación puede salvar la vida de una persona mientras llega la ayuda externa. Una vez empecemos a practicarla, no podremos parar, salvo que el accidentado se recupere, se muera o nosotros nos hayamos desmayado por el esfuerzo. Una vez recuperado, esperaremos la ayuda externa colocando al accidentado en posición lateral de seguridad.

1. **Cuando hablamos de emergencia, nos referimos a:**
   a) Situación esperada que puede ocasionar algún daño a las instalaciones en una empresa.
   b) Situación repentina que puede ocasionar algún daño a las personas.
   c) Todas son correctas.
   d) Situación repentina que puede ocasionar un daño muy alto, tanto para las personas como para las instalaciones, en una empresa y que requiere de una actuación inmediata y eficaz para su control.

2. **Un conato de emergencia supone:**
   a) Una situación que no puede ser neutralizada.
   b) Que se necesita ayuda externa para controlarlo.
   c) Que la empresa no tiene suficientes medios para hacerle frente.
   d) Todas son falsas.

3. **El triaje es una técnica que se utiliza para:**
   a) Avisar a la policía.
   b) Atender a los accidentados.
   c) Priorizar a los heridos en caso de accidente múltiple.
   d) Todas son correctas.

4. **La maniobra de Heimlich se utiliza para:**
   a) Cortar una hemorragia.
   b) Practicar la RCP.
   c) Desobstruir la vía aérea.
   d) Todas las anteriores.

5. **El torniquete:**
   a) Se debe usar siempre.
   b) Solo se usará en casos excepcionales.
   c) Se aflojará continuamente.
   d) Todas las anteriores.

6. **Ante una quemadura:**
   a) Reventaremos las ampollas.
   b) Quitaremos la ropa quemada.
   c) Refrescaremos la zona quemada.
   d) Pondremos crema.

7. **La regla del 9 % se utiliza para clasificar:**
   a) Las hemorragias.
   b) Las quemaduras.
   c) Las fracturas.
   d) Las heridas.

8. **La maniobra frente-mentón se utiliza para:**
   a) Expulsar un cuerpo extraño por un atragantamiento.
   b) Curar una hemorragia.
   c) Poder practicar la RCP.
   d) Todas son correctas.

9. **Las siglas PLS significan:**
   a) Prevención Límite de Socorro.
   b) Protección Límite de Socorro.
   c) Protección Lateral de Seguridad.
   d) Posición Lateral de Seguridad.

10. **La conducta P.A.S. significa:**
   a) Prevenir, asistir y socorrer.
   b) Proteger, avisar y socorrer.
   c) Prevenir, actuar y socorrer.
   d) Todas las anteriores.

ACTIVIDAD 1

Explique qué deberemos hacer ante un accidente de un compañero que se ha caído de una escalera, provocándole una fractura abierta en la pierna.

ACTIVIDAD 2

Una trabajadora de una charcutería se corta en la mano con un cuchillo. A primera vista parece algo superficial, pero, al rato, empieza a sangrar de forma abundante. Diga cómo deberemos actuar.

ACTIVIDAD 3

Un trabajador sufre una lipotimia por trabajar a gran temperatura. Indique cómo debemos actuar.

La relación laboral

En esta unidad va a estudiar:

- La relación laboral
- Legislación laboral
- Derechos y deberes laborales
- La representación de los trabajadores en la empresa
- La negociación colectiva y las medidas de solución a los conflictos

Con su estudio, va a ser capaz de:

- Determinar qué es una relación laboral y cuáles son las relaciones laborales especiales y las que están excluidas del Derecho Laboral.
- Analizar los derechos y las obligaciones de la relación laboral, así como las condiciones de trabajo pactadas en un convenio colectivo aplicable al sector profesional relacionado con el título.
- Conocer la legislación laboral.
- Identificar los derechos y deberes laborales.
- Conocer la representación de los trabajadores en la empresa y el derecho de sindicación.
- Conocer la negociación colectiva y las medidas de solución de los conflictos.

5.1 La relación laboral y el Derecho Laboral

Toda persona trabajadora realiza una actividad física o intelectual, ya sea para alcanzar un objetivo o para satisfacer una necesidad, produciendo bienes y servicios. Esta actividad es lo que llamamos trabajo.

El trabajo está regulado en el Derecho Laboral, que protegerá al trabajador, con carácter general, en su salud y seguridad, y con carácter específico, frente al poder del empresario. La norma más importante es el Estatuto de los Trabajadores.

Por lo tanto, vemos que el trabajo conlleva una relación entre quien lo desempeña y la persona para quien se realiza. Por lo tanto, debemos distinguir tres tipos de relación: la relación laboral, la relación laboral especial y la que no es relación laboral.

5.1.1 La relación laboral

El trabajo, como hemos dicho, genera una relación entre el trabajador y la empresa. Esta relación se encuentra protegida por el Derecho Laboral. Para que hablemos de relación laboral, se deben dar unas características:

Figura 5.1 Características de las relaciones laborales.

PERSONAL	El trabajo lo desarrolla el propio trabajador.
VOLUNTARIO	No se puede obligar a nadie a trabajar.
POR CUENTA AJENA	Que la producción de ese bien o servicio sea para otra persona, para el empresario y no para el trabajador.
RETRIBUÍDO	Que el trabajador reciba una contraprestación, un salario, a cambio.
DEPENDIENTE	La persona trabajadora está bajo el poder de dirección del empresario.

5.1.2 Las relaciones laborales especiales

Este tipo de relación laboral sí que reúne las características de la relación laboral, pero requiere una regulación específica. Son las siguientes:

- Deportistas profesionales.
- Personas con discapacidad en centros especiales de empleo.
- Personal de alta dirección.
- Servicio del hogar familiar.
- Relación laboral especial de los artistas.

- Representantes de comercio que no asumen el riesgo de las operaciones que realizan.
- Estibadores portuarios.
- Trabajo de penados en Instituciones Penitenciarias.
- Menores internados.
- Abogados que presten servicios en despachos individuales o colectivos.
- Residentes para la formación de especialistas en ciencias de la salud.

EJEMPLO 1

En un hospital se encuentra un médico interno residente.

Solución:

Es una relación laboral especial, puesto que vela tanto por la parte docente como por la parte asistencial.

5.1.3 Las relaciones no laborales

Son aquellas en las que no se puede aplicar el Derecho Laboral porque carecen de alguna de las características de la relación laboral o porque, reuniendo todas las características, se rigen por normas ajenas al Derecho Laboral, es decir, por normas propias.

Figura 5.2 Relaciones no laborales o excluidas.

PERSONAL FUNCIONARIO Y ESTATUTARIO	Regulados por el Estatuto de la Función Pública.
PRESTACIONES PERSONALES OBLIGATORIAS	Trabajos en beneficio de la comunidad. Trabajos de colaboración social. Obras de competencia municipal. Prestaciones en caso de grave riesgo, calamidad pública o catástrofe.
CONSEJEROS Y ADMINISTRADORES DE SOCIEDADES	Solo cometidos inherentes al cargo.
TRABAJOS A TÍTULO DE AMISTAD, BENEVOLENCIA O BUENA VECINDAD	Voluntariado.
TRABAJOS FAMILIARES	Salvo que se demuestre la condición de asalariado. Son los que conviven con el empresario, hasta el segundo grado, por consanguinidad o afinidad.

Figura 5.2 (Continuación).

INTERMEDIACIÓN MERCANTIL CON ASUNCIÓN DE RIESGO	Contrato de agencia, que es un contrato mercantil y no laboral.
TRANSPORTISTAS CON VEHÍCULOS COMERCIALES DE SERVICIO PÚBLICO	Con autorizaciones administrativas.
AUTÓNOMOS	Trabajan por cuenta propia.

EJEMPLO 2

Un profesor funcionario de carrera en un instituto público.

Solución:

Es una relación no laboral, puesto que está sometido a una regulación específica como es la Ley de la Función Pública.

EJERCICIO 1

Entre las distintas situaciones, diga qué tipo de relaciones son y explique por qué.

- Un voluntario de una ONG que trabaja ayudando a los migrantes.
- Un camarero que trabaja media jornada.
- Un penado en una institución penitenciaria.
- Un abogado en un despacho profesional.
- Un trabajador autónomo.

Figura 5.3 Fuentes del Derecho Laboral.

REGLAMENTOS, DIRECTIVAS Y DECISIONES DE LA UNIÓN EUROPEA	Tienen primacía sobre las normas españolas. Sería un ejemplo el Reglamento de libre circulación de trabajadores en la UE.
CONSTITUCIÓN ESPAÑOLA	Norma suprema.
TRATADOS Y CONVENIOS INTERNACIONALES	La OIT dicta convenios y recomendaciones para mejorar las condiciones de trabajo.
NORMAS CON RANGO DE LEY: **LEY ORGÁNICA Y LEY ORDINARIA** **REAL DECRETO LEY Y DECRETO LEGISLATIVO**	Texto refundido de la Ley del Estatuto de los Trabajadores. Ley de Prevención de Riesgos Laborales.
REGLAMENTOS	Desarrollan leyes, como, por ejemplo, la regulación del salario mínimo interprofesional.
CONVENIOS COLECTIVOS	Ejemplo: El convenio del metal.
CONTRATO DE TRABAJO	Condiciones laborales del trabajador en particular.
USOS Y COSTUMBRES LABORALES	Ejemplo: el salario se paga en el lugar y la fecha pactados; de no ser así, según la costumbre.

5.2 Legislación laboral

Hemos visto que la persona trabajadora establece una relación con la empresa y, para ello, deben existir unas normas de obligado cumplimiento que regulen esta relación laboral. Por ello, el Derecho Laboral será aquel conjunto de principios y normas jurídicas al que estarán sometidos y que será de obligado cumplimiento.

Hay que tener en cuenta que existe una pluralidad de normas, por lo que se deben ordenar jerárquicamente para saber cuál se aplica en cada momento. Por ello, en Derecho Laboral debemos atender al principio de jerarquía normativa, que establece que las normas de mayor rango prevalecen sobre las de menor rango y que estas últimas no pueden contradecir a las de rango superior.

En el Derecho Laboral existen también unos principios que nos van a decir cuándo se aplica cada norma y cuándo se puede romper este principio de jerarquía. Lo que ocurre es que surgen conflictos entre las normas y, entonces, los principios nos ayudarán a resolverlos. Esto no quiere decir que se vulnere el principio de jerarquía, sino que se aplicará una norma inferior si establece mejores condiciones para el trabajador.

Figura 5.4 Principios de aplicación de las normas laborales.

DE NORMA MÍNIMA	Las normas de rango superior establecen el contenido mínimo. Nunca se puede empeorar por una norma inferior.
DE NORMA MÁS FAVORABLE	Siempre se aplicará la norma más favorable en su conjunto para el trabajador.

Figura 5.4 (Continuación).

DE IRRENUNCIABILIDAD DE DERECHOS	No se puede renunciar a derechos reconocidos en las normas.
DE CONDICIÓN MÁS BENEFICIOSA	El trabajador conservará los beneficios concedidos de forma unilateral, salvo que una norma aprobada posteriormente establezca otros menos favorables.
IN DUBIO PRO OPERARIO	Los tribunales, a la hora de interpretar una norma, aplicarán la más beneficiosa para el trabajador.

EJEMPLO 3

Una empresa del sector de la hostelería pretende que sus trabajadores no tengan vacaciones y que trabajen en ese periodo.

Solución:

Por el principio de irrenunciabilidad de derechos, las vacaciones son un derecho al que no se puede renunciar.

EJERCICIO 2

A una trabajadora le afectan las siguientes normas:

El Estatuto de los Trabajadores, que establece que la persona trabajadora tiene derecho a 30 días naturales de vacaciones por año trabajado, y el Convenio colectivo del sector, que establece que le corresponden 26 días hábiles de vacaciones por año trabajado.

¿Qué se aplicará y por qué?

5.3 Los derechos y deberes del trabajador y del empresario

Como hemos visto, la relación laboral vincula al trabajador y al empresario, y, por lo tanto, ambos deben de cumplir unas obligaciones o deberes y también tienen unos derechos.

En el Real Decreto Legislativo 2/2015, de 23 de octubre, por el que se aprueba el texto refundido de la Ley del Estatuto de los Trabajadores, en su artículo 4 se establecen los derechos y deberes laborales básicos.

5.3.1 Derechos y deberes del trabajador

Como en toda relación, lo que son derechos para una parte serán obligaciones o deberes para la otra.

Para la parte trabajadora existen unos derechos que son básicos y también hay otra serie de derechos derivados de su relación con el trabajo.

Figura 5.5 Derechos básicos de de los trabajadores (artículo 4 E.T.).

TRABAJO Y LIBRE ELECCIÓN DE LA PROFESIÓN U OFICIO	No puede ser obligado o forzado a desarrollar un trabajo.
LIBRE SINDICACIÓN	Libertad de afiliarse a un sindicato.
NEGOCIACIÓN COLECTIVA	Sus representantes pueden negociar las condiciones de trabajo.
ADOPCIÓN DE MEDIDAS DE CONFLICTO COLECTIVO	Para defender sus intereses.
REUNIÓN	Reunirse en asamblea.
HUELGA	Como forma de protesta.
INFORMACIÓN, PARTICIPACIÓN Y CONSULTA EN LA EMPRESA	Por medio de sus representantes.

Figura 5.6 Derechos derivados de su relación con el trabajo (artículo 4 E.T.).

OCUPACIÓN EFECTIVA	Debe desarrollar el trabajo pactado y con los medios adecuados.
PROMOCIÓN Y FORMACIÓN PROFESIONAL EN EL TRABAJO	Puede ascender y desarrollar su formación adaptando para ello la jornada.
NO DISCRIMINACIÓN DIRECTA O INDIRECTA	Ni por razón de sexo, raza, religión...
INTEGRIDAD FÍSICA Y UNA ADECUADA POLÍTICA DE PREVENCIÓN DE RIESGOS LABORALES	Protección eficaz de su salud y seguridad en el trabajo.
RESPETO DE SU INTIMIDAD Y DERECHO A LA CONSIDERACIÓN DEBIDA A SU DIGNIDAD	No intromisiones en la vida privada.

Figura 5.6 (Continuación).

A LA PERCEPCIÓN PUNTUAL DE LA REMUNERACIÓN PACTADA O LEGALMENTE ESTABLECIDA	Con la periodicidad pactada.
AL EJERCICIO INDIVIDUAL DE LAS ACCIONES DERIVADAS DE SU CONTRATO DE TRABAJO	Puede reclamar judicialmente.
A CUANTOS OTROS DERECHOS QUE SE DERIVEN ESPECÍFICAMENTE DEL CONTRATO DE TRABAJO	Como por ejemplo: descanso, jornada, salario y complementos salariales.

Figura 5.7 Deberes de los trabajadores (artículo 5 E.T.).

CUMPLIR CON LAS OBLIGACIONES CONCRETAS DE SU PUESTO DE TRABAJO	Con buena fe y con la diligencia debida, realizará las tareas encomendadas.
OBSERVAR LAS MEDIDAS DE PREVENCIÓN DE RIESGOS LABORALES	Debe cumplirlas; de no hacerlo, puede incurrir en daños y perjuicios.
CUMPLIR LAS ÓRDENES E INSTRUCCIONES DEL EMPRESARIO	Debe cumplirlas, puesto que es un trabajo dependiente, salvo que se vulneren sus derechos.
NO CONCURRIR CON LA ACTIVIDAD DE LA EMPRESA	No cabe la competencia desleal.
CONTRIBUIR A LA MEJORA DE LA PRODUCTIVIDAD	Debe colaborar y ser productivo.
CUANTOS DEBERES SE DERIVEN DE LOS RESPECTIVOS CONTRATOS DE TRABAJO	Los pactos que haya establecido con la empresa, como la confidencialidad.

EJERCICIO 3

Un peón de la construcción se niega a utilizar el casco de seguridad, sin seguir las instrucciones del encargado de la obra. Comente esta situación y diga qué consecuencias puede tener su conducta.

5.3.2 Potestades y deberes del empresario

El empresario es quien organiza, controla, dirige y sanciona el trabajo que realiza el trabajador. Para ello, tiene estas potestades o poderes:

1. **El poder de dirección:** este poder puede ser ordinario, puesto que consiste en la organización de la empresa y en dictar órdenes e instrucciones para el desarrollo del trabajo, y puede ser extraordinario, que consistiría en la posibilidad que tiene de variar de forma unilateral las características de la relación laboral, ya que puede introducir cambios en la forma en la que se ejecutan las tareas, siempre dentro de criterios de razonabilidad y teniendo en cuenta las necesidades del centro de trabajo.

Solo cabe la posibilidad de que el trabajador se niegue, ante el poder de dirección del empresario, cuando las órdenes e instrucciones sean ilegales, atenten a su dignidad o supongan un grave riesgo para la seguridad y salud del trabajador.

2. **El poder disciplinario:** el empresario puede sancionar el incumplimiento del trabajador. A este poder disciplinario se le imponen dos límites: el de que no se puede imponer una multa de haber, es decir, la suspensión de sueldo (aunque sí cabe la suspensión de empleo y sueldo), y tampoco cabe reducir el periodo de descanso.

3. **El poder de vigilancia y control:** conforme al Estatuto de los Trabajadores, el empresario puede vigilar si los trabajadores que tienen contratados cumplen o no con sus obligaciones y, para ello, puede poner una serie de controles, siempre que se respete la dignidad de los mismos (artículo 20.3 E.T.).

Figura 5.8 Límites al poder de vigilancia y control.

QUE SEA IDÓNEA	Para ello hay que saber el fin que persigue la empresa.
LO MENOS INVASIVA POSIBLE	Debe ser lo menos lesivo para el trabajador para que no sea abusiva.
PROPORCIONAL	Tiene que haber correspondencia entre la invasión en los derechos del trabajador y el interés de la empresa.
DURANTE EL HORARIO Y EN EL CENTRO DE TRABAJO	No se puede controlar ni sancionar por hechos fuera del horario y del centro de trabajo.
TRABAJADOR INFORMADO	El trabajador debe tener conocimiento de los controles.
REPRESENTANTES INFORMADOS	Deben ser informados y pueden emitir un informe previo sobre la proporcionalidad e idoneidad de la medida.

Figura 5.9 Métodos de control del trabajador.

FICHAR A LA ENTRADA Y A LA SALIDA	Es una práctica habitual y no es invasiva.
CÁMARAS DE VIDEO	Siempre que sea en el puesto de trabajo, no en vestuarios, aseos…, y que esté avisado el trabajador, aunque sirve la señalización.
CONTROL DEL CORREO ELECTRÓNICO	La empresa puede revisarlo, pero solo el corporativo, no el personal. Pero ha de tener una razón concreta. No puede ser genérico ni indiscriminado.
CONTROL DEL ORDENADOR	La empresa indicará los usos del ordenador. Si no ha establecido reglas sobre su uso, no podrá sancionar.
GRABAR CONVERSACIONES TELEFÓNICAS	Práctica habitual en empresas de *telemarketing*. Debe avisar del control y debe ser un control puntual, por sospecha fundada.
GRABAR CONVERSACIONES	No se pueden instalar micrófonos en el centro de trabajo.
REGISTROS	En caso necesario y puntual, y siempre respetando la intimidad y dignidad de los trabajadores. Se debe realizar con la presencia del trabajador y sus representantes o de otros compañeros.
COLOCAR GPS	En los vehículos de la empresa. No puede controlar todo el rato la ubicación del trabajador, será un control puntual. Si es posible, debe sustituirse por otra medida.
DETECTIVES PRIVADOS	Será legal siempre que no se vulnere la intimidad del trabajador y solo para comprobar actuaciones concretas.

EJEMPLO 4

A un trabajador le han registrado su taquilla sin avisar y sin que estuviera presente, porque se ha producido un robo en la empresa y se sospecha de él.

Solución:

Esta práctica no es legal por parte de la empresa y es abusiva en el derecho a la intimidad y dignidad del trabajador. Se debe efectuar en presencia del trabajador y sus representantes o de varios compañeros.

EJERCICIO 4

Un jefe de mantenimiento de una empresa del sector de la cerámica trabaja los fines de semana para otra empresa de la competencia. Al enterarse el gerente de la empresa, le han despedido. Explique si cree que ha sido correcta su actuación y por qué.

5.4 La representación de los trabajadores en la empresa

Los trabajadores pueden ser representados en la empresa por medio de dos formas: por un lado, la representación sindical, que es el cauce de participación de los afiliados a un sindicato, y, por otro lado, la representación unitaria, formada por los delegados de personal y miembros del comité de empresa que los representan en la empresa, independientemente de su afiliación sindical.

5.4.1 El derecho de sindicación y la representación sindical en la empresa

Como hemos visto, todos los trabajadores tienen derecho a sindicarse libremente. Así, pueden todos los trabajadores por cuenta ajena, los desempleados y jubilados, y aquellos que lo sean por cuenta propia sin trabajadores a su cargo. No podrán los jueces, magistrados y fiscales ni los miembros de las fuerzas e instituciones armadas o los demás cuerpos sometidos a disciplina militar mientras estén en activo.

PARA RECORDAR

La libertad sindical es un derecho fundamental recogido en el artículo 28 de la Constitución. Este mandato constitucional es desarrollado por la Ley Orgánica 11/1985, de 2 de agosto, de Libertad sindical.

Un **sindicato** es una asociación permanente de personas que ejercen cierta actividad profesional para la representación y mejora de sus intereses profesionales y de sus condiciones de vida.

Figura 5.10 Funciones, organización y clasificación de los sindicatos.

FUNCIONES	ORGANIZACIÓN	CLASIFICACIÓN: MÁS REPRESENTATIVOS
Participar en la negociación colectiva. Promover elecciones a representación unitaria. Representación ante la Administración.	Por actividades o ramas de producción. Por ámbito territorial.	**En el ámbito estatal**, deben contar como mínimo con el 10 % de los delegados de personal y de los miembros del comité de empresa de todo el Estado. **En el ámbito autonómico**, los que acrediten en cada comunidad, al menos, el 15 % de los representantes de los trabajadores y que sumen 1500 representantes.

CURIOSIDADES

La Constitución ampara, en su artículo 7, el derecho a crear asociaciones empresariales. Las más relevantes en el ámbito nacional son: la Confederación Española de Organizaciones Empresariales (CEOE) y la Confederación Empresarial de la Pequeña y Mediana Empresa (CEPYME).

En cuanto a la **representación sindical,** los trabajadores afiliados a un sindicato podrán, en el ámbito de la empresa o del centro de trabajo, constituir secciones sindicales. Estas secciones estarán representadas por delegados sindicales, los cuales son elegidos por y entre los afiliados a cada sindicato, siempre que la empresa cuente con más de 250 trabajadores y tengan representación en el comité de empresa.

CURIOSIDADES

Los sindicatos más representativos a nivel estatal son Comisiones Obreras (CC.OO) y la Unión General de Trabajadores (UGT)

EJERCICIO 5

En grupo de 3 a 4 alumnos investigue desde cuándo se reconocen los sindicatos en España, cuál fue el primero y cómo eran las condiciones laborales en esa época.

5.4.2 Representación unitaria en la empresa

Son los delegados de personal y miembros del comité de empresa, que representan a todos los trabajadores de la empresa independientemente si pertenecen o no a un sindicato.

Se eligen por sufragio personal, directo, libre y secreto de entre todos los trabajadores y su mandato será de cuatro años, prorrogados si a su término no se promueven nuevas elecciones.

Son electores todos los trabajadores mayores de 16 años y con una antigüedad en la empresa de, al menos, un mes. Son elegibles los trabajadores mayores de 18 años y con una antigüedad en la empresa de, al menos, seis meses, salvo en aquellas actividades en las que, por movilidad del personal, se pacte en convenio un plazo inferior, con un limite mínimo de tres meses.

Figura 5.11 Órganos de representación unitaria en la empresa.

PLANTILLA DE LA EMPRESA	DELEGADOS
Entre 6 y 10	1 (decidido por mayoría)
Hasta 30	1
De 31 a 49	3

PLANTILLA DE LA EMPRESA	MIEMBROS DEL COMITÉ
De 50 a 100	5
De 101 a 250	9
De 251 a 500	13
De 501 a 750	17
De 751 a 1000	21
De 1001 en adelante	2 más por cada 1000 o fracción (máximo, 75)

EJEMPLO 5

En una empresa trabajan 3300 trabajadores. Diga qué órgano de representación unitaria se constituirá y cuántos miembros tendrá.

Solución:

Al tener más de 49 trabajadores se deberán elegir miembros del comité.

Estará formado, atendiendo a la figura 4.2, por los siguientes trabajadores:

Hasta 1000 trabajadores: 21 miembros.

Por cada 1000 o fracción: es decir, hasta 2300, tendrá 6 más.

Total: le corresponden 27 miembros.

Figura 5.12 Competencias y garantías de los representantes de los trabajadores.

COMPETENCIAS	GARANTÍAS
Recibir información sobre la evolución del sector al que pertenece la empresa. Conocer la situación económica de la empresa. Ejercer la vigilancia del cumplimiento de las normas laborales y condiciones de seguridad. Emitir informes con carácter previo a las decisiones del empresario. Negociar los convenios colectivos.	Apertura de expediente contradictorio en caso de que la empresa pretenda sancionarles por faltas graves o muy graves. Prioridad de permanencia en la empresa o centro de trabajo respecto a los demás trabajadores. No ser despedido ni sancionado por acciones en el ejercicio de su representación durante el periodo de desarrollo de sus funciones ni durante el año siguiente. Expresar con libertad sus opiniones en materias relativas a su representación. Disponer de un número de horas semanales retribuidas para el ejercicio de sus funciones.

GLOSARIO

Expediente contradictorio por faltas graves o muy graves es el procedimiento que sigue la empresa, mediante el cual debe oír tanto al delegado de personal como al miembro del comité. De no hacerlo así, el expediente será nulo.

EJERCICIO 6

En una empresa trabajan 45 trabajadores. Diga qué tipo de representación tendrán y cuántos delegados de personal o miembros del comité le corresponden.

5.5 La negociación colectiva

La negociación colectiva también es un derecho de los trabajadores y sus representantes, reconocido en la Constitución, mediante el cual se establecen las condiciones colectivas de trabajo. De esta negociación surge una norma que es el convenio colectivo.

5.5.1 El convenio colectivo

Es un acuerdo o pacto entre trabajadores y empresarios en el que se fijan las condiciones que han de regir las relaciones laborales dentro de su ámbito de aplicación.

Podemos decir que el convenio colectivo es la norma más peculiar del Derecho Laboral, ya que tiene un contenido normativo, pues es fuente del Derecho y un contenido obligacional, puesto que su cumplimiento es obligatorio para las partes firmantes. Además, las partes se comprometen, mientras se negocia un convenio colectivo, a renunciar a su derecho de hacer huelga y a mantener la paz laboral.

Figura 5.13 Ámbito de aplicación de los convenios colectivos.

PERSONAL	Obligan a todos los empresarios y trabajadores de la rama profesional o sector económico de las empresas que negocian el convenio.
TERRITORIAL	Extensión geográfica: nacional, autonómico, provincial y local.
FUNCIONAL	Actividades empresariales a las que se aplica.
TEMPORAL	Periodo de tiempo en que se aplica o está vigente. Se prorroga de año en año si no hay denuncia expresa de las partes.

EJEMPLO 6

Una persona ha sido contratada en una empresa. Le van a hacer un contrato de trabajo, pero no sabe qué periodo de prueba le corresponde. La empresa tiene convenio colectivo propio, pero le han dicho que hay convenio colectivo en su comunidad autónoma y a nivel estatal. Indique qué convenio se le aplicará.

Solución:

Al tener la empresa convenio colectivo propio, se le aplicará este, independientemente de que haya convenio estatal y autonómico.

5.5.2 Medidas de solución de los conflictos colectivos

Dentro de la relación laboral pueden surgir conflictos individuales y colectivos. Estos últimos serán las discrepancias o controversias entre el empresario o grupo de empresarios y los trabajadores por las condiciones laborales que se han pactado en los contratos o en los convenios colectivos.

Para solucionar los conflictos, en Derecho Laboral se sigue el principio de negociación, pero ocurre que a veces no es suficiente. Para ello, los trabajadores y los empresarios tienen dos medios de presión, que son la huelga y el cierre patronal; ambos medios conllevan la suspensión del trabajo.

La **huelga** es un derecho fundamental, que consiste en la suspensión colectiva del trabajo por iniciativa de una pluralidad de trabajadores; es una medida de presión, pero para que sea legal está sujeta a una serie de requisitos.

Figura 5.14 Requisitos de la huelga.

PREAVISO	Por escrito, con cinco días de antelación al empresario y a la autoridad laboral, en el que se harán constar los motivos de la huelga.
COMITÉ DE HUELGA	Compuesto por los representantes de los trabajadores; tiene la obligación de negociar con la empresa a fin de llegar a un acuerdo y de cuidar que transcurra dentro de los límites marcados por la ley.
SERVICIOS MÍNIMOS	El comité de huelga vela por el cumplimiento de estos servicios mínimos.

PARA RECORDAR

Ningún trabajador puede ser obligado a seguir una huelga; por ello, es ilegal impedir el acceso al trabajo a la persona que desee trabajar.

El empresario no puede sustituir a los trabajadores en huelga con otros trabajadores contratados al efecto.

El **cierre patronal** será temporal por parte del empresario, para el caso de que haya una huelga u otra irregularidad colectiva, y será una medida de presión frente a los trabajadores. Se producirá cuando, por la actitud de los huelguistas, exista un notorio peligro de violencia para las personas o de daños graves para los bienes de la empresa, o en el caso de que la inasistencia de los trabajadores a sus puestos de trabajo impida gravemente el proceso de producción.

El empresario, una vez producido el cierre, está obligado a notificarlo a la autoridad laboral en el plazo de 12 horas y a proceder a la apertura del centro de trabajo tan pronto como hayan desaparecido las circunstancias que llevaron al cierre.

CURIOSIDADES

Una huelga general afecta simultáneamente a todas las actividades laborales que se desarrollan en el territorio español. La primera huelga general en España fue en 1855.

EJEMPLO 7

Algunos trabajadores del sector del metal secundan una huelga en su empresa, pero algunos trabajadores han decidido ir a trabajar y se han encontrado con las cerraduras selladas y las puertas bloqueadas.

Solución:

No se puede coaccionar ni impedir el derecho al trabajo de aquellos que no quieren hacer una huelga.

Para estar actualizado en relación a la normativa laboral vigente visite la página del BOE:

https://www.boe.es/biblioteca_juridica/codigos/codigo.php?id=93&modo=2&nota=0&tab=2

Reto profesional

Haga una búsqueda en Internet de las últimas huelgas generales en nuestro país, seleccione una de ellas y lleve a cabo un estudio de esta. Para ello, primero determine las causas o motivos para convocarla, quién la convoca, qué tipo de servicios mínimos se establecen y cómo se llega a un acuerdo para desconvocarla. En este último punto, enumere los acuerdos adoptados.

Mapa conceptual

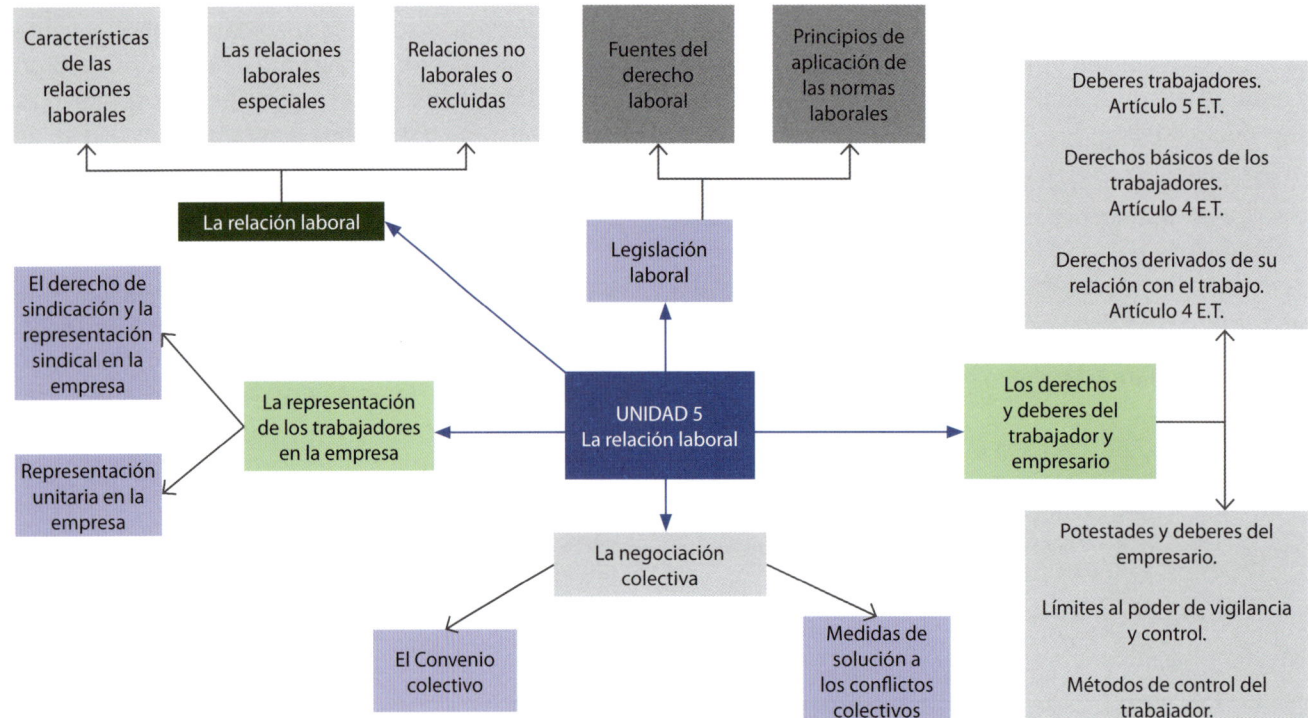

RESUMEN

■ Para hablar de relación laboral se tienen que dar unas características, que son que el trabajo sea personal, voluntario, retribuido, por cuenta ajena y dependiente.

■ Cuando no se dé alguna de estas características estamos ante una relación que es no laboral o que se regula por normas ajenas al Derecho Laboral. En el caso de las relaciones laborales especiales, tienen todas las características, pero se regulan por normas específicas.

■ El Derecho Laboral es aquel conjunto de principios y normas jurídicas a las que se someterán el trabajador y el empresario, que se verán obligados a cumplirlos.

■ El principio de jerarquía normativa establece que las normas de mayor rango prevalecen sobre las de menor rango y que estas últimas no pueden contradecir a las de rango superior. Este principio queda subordinado en Derecho Laboral a la aplicación de otros principios, como son el de norma mínima, norma más favorable, condición más beneficiosa, irrenunciabilidad de derechos y el de *in dubio pro operario*. Por lo tanto, se puede aplicar una norma de rango inferior siempre que beneficie al trabajador.

■ En el Real Decreto legislativo 2/2015, de 23 de octubre, por el que se aprueba el texto refundido de la Ley del Estatuto de los Trabajadores, en su artículo 4, se establecen los derechos laborales básicos y los que se derivan de su relación laboral. En el artículo 5 del E.T. se establecen los deberes de los trabajadores.

■ El empresario tiene como facultades el poder de dirección, el disciplinario y el de vigilancia y control. Estos poderes del empresario están limitados por el derecho a la intimidad y dignidad de los trabajadores.

■ Los trabajadores pueden ser representados en la empresa por medio de dos formas: por un lado, la representación sindical, que es el cauce de participación de los afiliados a un sindicato; y por otro lado, la representación unitaria, que son los delegados de personal y miembros del comité de empresa que los representan en la empresa independientemente de su afiliación sindical.

■ Como fruto de la negociación colectiva entre empresarios y trabajadores surge el convenio colectivo, norma singular del Derecho Laboral. Siempre que se negocia un convenio colectivo las partes se someten a la paz social.

■ Como medidas de solución a los conflictos y como medios de presión, nos encontramos con la huelga y el cierre patronal. Ambos conllevan la suspensión del contrato de trabajo, la huelga por iniciativa de los trabajadores y el cierre a iniciativa del empresario.

TEST DE EVALUACIÓN

1. La relación laboral es:

a) Personal y dependiente.

b) Por cuenta propia.

c) De obligado cumplimiento.

d) Sin retribución.

2. Una relación laboral especial es:

a) La del personal funcionario.

b) El trabajo familiar.

c) Los representantes de comercio que asumen el riesgo de la operación.

d) Los representantes de comercio que no asumen el riesgo de la operación.

3. Una relación no laboral es:

a) La de los trabajadores autónomos.

b) Las empleadas de hogar.

c) El personal de alta dirección.

d) Todas son correctas.

4. Son derechos de los trabajadores:

a) Ocupación efectiva.

b) Protección eficaz.

c) Información y participación.

d) Todas las anteriores.

5. El poder de dirección del empresario:

a) Consiste en sancionar al trabajador.

b) Consiste en dictar órdenes e instrucciones.

c) Consiste en vigilar y controlar al trabajador.

d) Todas las anteriores.

6. Son garantías de los representantes de los trabajadores:

a) Expresar con libertad sus opiniones.

b) Negociar convenios colectivos.

c) Recibir información sobre la situación económica de la empresa.

d) Emitir informes.

7. El ámbito de los convenios colectivos puede ser:

a) Personal y territorial.

b) Funcional y temporal.

c) Todas son correctas.

d) Ninguna es correcta.

8. La huelga:

a) Es una forma de presión.

b) Es la suspensión temporal del contrato de trabajo.

c) Debe haber un preaviso de 5 días de antelación.

d) Todas son correctas.

9. El cierre patronal:

a) Es una suspensión temporal del contrato de trabajo.

b) Es una suspensión definitiva del contrato de trabajo.

c) Es una medida de presión por parte del trabajador al empresario.

d) Todas las anteriores.

10. Un sindicato:

a) Es una asociación permanente de personas que ejercen cierta actividad profesional para la representación y mejora de sus intereses profesionales y de sus condiciones de vida.

b) Es una asociación no permanente de personas que ejercen cierta actividad profesional para la representación y mejora de sus intereses profesionales y de sus condiciones de vida.

c) Es un conjunto de empresarios que controlan la actividad profesional de sus trabajadores.

d) Todas las anteriores.

ACTIVIDADES

ACTIVIDAD 1

De las siguientes relaciones, diga de qué tipo son y por qué:

a) Un empleado de la construcción que trabaja 8 horas al día y cobra 1300 euros al mes.

b) Una empleada de hogar que trabaja 4 horas al día y percibe un salario.

c) El jefe de mantenimiento en una empresa que trabaja 37 horas al mes y recibe un salario.

d) Un taxista.

e) Un trabajador autónomo en un bar de su propiedad.

ACTIVIDAD 2

Analice las siguientes situaciones que se dan durante una huelga y explique si son correctas o no:

a) Varios trabajadores boicotean los productos de la empresa.

b) Varios trabajadores hacen piquetes informativos.

c) El empresario contrata personal para sustituir a los huelguistas.

ACTIVIDAD 3

Una empresa tiene 5300 trabajadores. Indique qué tipo de representación se puede constituir en la misma y el número de delegados o miembros del comité que puede tener.

ACTIVIDAD 4

Realice una búsqueda en internet para saber qué convenio se puede aplicar a su actividad laboral dentro de la familia profesional del ciclo que está cursando.

El contrato de trabajo

En esta unidad va a estudiar:

- El contrato de trabajo y los sujetos o partes de la contratación laboral
- Las características del contrato de trabajo
- El periodo de prueba
- Las modalidades de contratación laboral

Con su estudio, va a ser capaz de:

- Conocer qué es un contrato de trabajo y los sujetos de la contratación.
- Identificar las características de los contratos de trabajo.
- Conocer el periodo de prueba.
- Conocer las diversas modalidades de contratación, localizando los diferentes modelos en las fuentes oficiales.

6.1 El contrato de trabajo

El contrato de trabajo es el acuerdo entre el trabajador, que se compromete a prestar la relación laboral, y el empresario, que recibe dicha prestación y que queda obligado a la remuneración de esta.

Por lo tanto, para que haya contrato de trabajo deben existir unos elementos esenciales, sin los cuales no habrá contrato o se trataría de algo distinto.

Estos elementos son: la capacidad para contratar o ser contratado; el consentimiento, puesto que la relación laboral se presta libremente; el objeto, que es la actividad retribuida, y la causa, que es la cesión remunerada de los frutos del trabajo.

6.1.1 Los sujetos del contrato de trabajo

Hemos visto que uno de los elementos del contrato es la capacidad para contratar y ser contratado; por lo tanto, debemos saber quiénes son los sujetos o partes de un contrato de trabajo, que son el trabajador y el empresario.

La **persona trabajadora** será la persona física que presta la relación laboral de forma voluntaria, bajo la dirección del empresario y cediendo los frutos de su trabajo a este, a cambio de una retribución o salario.

Figura 6.1 ¿Quién puede ser trabajador?

POR EDAD	Cualquier persona mayor de 18 años.
	Un menor de 18 años legalmente emancipado.
	Un mayor de 16 años que viva independiente o cuente con la autorización de sus representantes legales.
POR NACIONALIDAD	De la Unión Europea: pueden trabajar libremente, porque existe la libre circulación de trabajadores dentro de la UE.
	De fuera de la UE: necesitan autorización de trabajo y permiso de residencia para poder trabajar.

En el caso de los menores de edad, el Estatuto de los Trabajadores les da una protección especial, a saber:

- No pueden realizar trabajos nocturnos, es decir, desde las 22:00 horas a las 6:00 horas, ni peligrosos ni insalubres.

- No pueden hacer horas extraordinarias ni realizar más de ocho horas diarias de trabajo efectivo.

- Los menores de 16 años pueden trabajar en espectáculos públicos con autorización por escrito de la autoridad laboral, siempre que el trabajo no menoscabe su salud y su formación profesional y humana.

EJERCICIO 1

En los supuestos siguientes, explique cómo debe actuar el empresario que quiere contratar a:

a) Una administrativa mayor de edad y que es francesa.

b) Un auxiliar administrativo que es menor de edad emancipado.

c) Una conserje de 16 años que vive con sus padres.

En el caso del **empresario**, que es quien planifica, organiza y controla la producción y quien asume el riesgo derivado de las actividades de la empresa, puede ser:

- Una persona física, que puede ser mayor de edad, menor de edad emancipado o menor de edad a través de sus representantes legales.

- Una persona jurídica, como una sociedad mercantil, civil, asociaciones, fundaciones...

- Una comunidad de bienes.

Figura 6.2 Trámites del empresario para la contratación.

TRÁMITE	¿DÓNDE?/¿A QUIÉN?
Comunicar contratos realizados.	Servicio Público de Empleo
Entregar una copia del contrato.	Trabajador
Afiliar trabajadores, alta y baja o variación de datos.	Seguridad Social
Cotizar por el trabajador contratado desde el inicio del contrato.	Seguridad Social

GLOSARIO

La cotización a la Seguridad Social es la cuota que pagan trabajadores y empresarios al Estado como aportación al sistema de la Seguridad Social. Cotizar da derecho a la acción protectora de la Seguridad Social (prestaciones por jubilación, por incapacidad temporal, etc.) y a la asistencia sanitaria.

6.1.2 Las características del contrato de trabajo

La primera característica del contrato es la **forma**, ya que puede formalizarse por escrito o de palabra. Cualquiera de las partes puede exigir que el contrato se celebre por escrito en cualquier momento del transcurso de la relación laboral. Será obligatorio hacerlo por escrito cuando lo exija una disposición legal y siempre en los casos siguientes:

- Para la adquisición de la práctica profesional.

- Formación en alternancia.

- A tiempo parcial, fijo discontinuo y de relevo.

- A distancia.

- Trabajadores contratados en España al servicio de empresas españolas en el extranjero.

- Los contratos por tiempo determinado cuya duración sea superior a cuatro semanas.

- Contratos de los pescadores.

Otra de las características es la **duración**. Los contratos de trabajo pueden concertarse por tiempo indefinido, es decir, sin establecer una fecha cierta de finalización o por tiempo determinado.

Figura 6.3 Contenido mínimo del contrato de trabajo.

IDENTIDAD PARTES DEL CONTRATO	Si la empresa tiene personalidad jurídica, el empresario actúa como representante legal (haciendo constar el poder que se otorga).
FECHA COMIENZO RELACIÓN LABORAL	Si es un contrato temporal, duración previsible del mismo.
DOMICILIO SOCIAL DE LA EMPRESA	Domicilio del empresario o del centro de trabajo donde preste sus servicios.
CATEGORÍA O GRUPO PROFESIONAL	Para conocer el contenido específico del trabajo que va a realizar.
SALARIO	Cuantía del salario base inicial y los complementos salariales, así como la periodicidad de este.
DURACIÓN JORNADA DE TRABAJO	Incluyendo también la distribución de esta.
VACACIONES	Duración y modalidades de atribución.

Figura 6.3 (Continuación).

PLAZO PREAVISO	Los plazos que están obligados a respetar las partes sobre la extinción del contrato.
CONVENIO COLECTIVO	Aplicable a la relación laboral, estableciendo los datos para su identificación.
FIRMA DE LAS PARTES	Trabajador y empresario o representante legal de la empresa.

CURIOSIDADES

Es frecuente que el empresario introduzca en el contrato determinadas **cláusulas**, como las de permanencia, no competencia, confidencialidad o plena dedicación, al cumplimiento de las cuales estará obligado el trabajador tanto durante la vigencia del contrato como a su finalización.

6.2 El periodo de prueba

Al realizar un contrato de trabajo, el empresario puede exigir al trabajador un periodo de prueba para acreditar si les conviene dicha relación. Su establecimiento es optativo y, de acordarlo, se debe fijar por escrito en el contrato.

Figura 6.4 Características del periodo de prueba.

DURACIÓN	La duración máxima la establece el convenio colectivo, pero en su defecto no podrá exceder de: -Seis meses para los técnicos titulados. -Dos meses para el resto trabajadores. -En empresas de menos de 25 trabajadores, no puede exceder de tres meses para el resto de trabajadores. -En el caso de contratos temporales de duración determinada no superior a seis meses, el periodo de prueba no puede exceder de un mes.

Figura 6.4 (Continuación).

EFECTOS	La persona trabajadora tiene los mismos derechos y deberes que otro trabajador de plantilla. La resolución de la relación puede producirse a instancia de cualquiera de las partes. La resolución por el empresario en el caso de trabajadoras embarazadas será nula si es por razón de embarazo. El periodo de prueba se computa a efectos de antigüedad. Las situaciones de incapacidad temporal, nacimiento, adopción, riesgo en el embarazo, violencia de género… interrumpen el cómputo del periodo de prueba, salvo que se pacte lo contrario. Es nulo el periodo de prueba cuando el trabajador haya desempeñado las mismas funciones en la empresa.

EJEMPLO 1

En una empresa de menos de 25 trabajadores, a un trabajador no titulado le han establecido un periodo de prueba de 4 meses. ¿Es correcta la actuación de la empresa?

Solución:

No es correcta su actuación, ya que en empresas de menos de 25 trabajadores el periodo máximo de prueba son tres meses para los trabajadores no titulados.

EJERCICIO 2

Una persona ha sido contratada en una empresa como auxiliar administrativo y le han puesto un periodo de prueba de dos meses. Dicha persona trabajó anteriormente en la misma empresa desarrollando la misma actividad en sustitución de una persona de baja. Explique si es correcta o no la actuación de la empresa.

6.3 Modalidades de contratación laboral

Al estudiar la duración del contrato de trabajo hemos visto que el contrato puede ser indefinido o de duración determinada, y atendiendo a su jornada puede ser a tiempo completo o a tiempo parcial.

6.3.1 El contrato indefinido

Es el contrato que se concierta sin establecer la duración del contrato. Puede ser verbal o escrito. Puede celebrarse a jornada completa, a jornada parcial o para la prestación de servicios fijos discontinuos.

El artículo 8.2 del Estatuto de los Trabajadores establece que, en el caso de no observarse la formalización por escrito cuando sea exigible, el contrato se presumirá celebrado por tiempo indefinido y a jornada completa, salvo prueba en contrario que acredite su naturaleza temporal o el carácter a tiempo parcial. Además, adquieren la condición de personas trabajadoras fijas las que no hubiesen sido dadas de alta en la Seguridad Social cuando haya pasado un plazo igual al que legalmente hubiera podido fijar el periodo de prueba.

El contrato de trabajo se debe comunicar al Servicio Público de Empleo en el plazo de los 10 días siguientes a su concertación.

Uno de los ejemplos de contrato indefinido más utilizados recientemente es el **contrato fijo discontinuo,** que se concertará para la realización de trabajos de naturaleza estacional o vinculados a actividades productivas de temporada, o para el desarrollo de aquellos trabajos que no tengan dicha naturaleza pero que, siendo de prestación intermitente, tengan periodos de ejecución ciertos, determinados o indeterminados.

PARA SABER MÁS

En la página web www.sepe.es puede encontrar los modelos de contratos en pdf autorrellenables para practicar.

EJERCICIO 3

Una empresa contrata a un trabajador con un contrato temporal, pero la empresa no ha dado de alta a dicho trabajador en la Seguridad Social. Explique qué le ocurre a este contrato.

6.3.2 El contrato temporal

Es aquel contrato que establece una duración determinada, pero debe especificarse concretamente la causa que justifica dicha temporalidad. Puede celebrarse a jornada completa o parcial. Se formalizará por escrito y puede ser verbal cuando, por circunstancias de la producción, la duración de este sea inferior a 4 semanas y la jornada sea completa.

Figura 6.5 Modalidades de contratos temporales.

CONTRATO POR CIRCUNSTANCIAS DE LA PRODUCCIÓN	CONTRATO DE SUSTITUCIÓN
Es debido al incremento ocasional e imprevisible de la actividad normal de la empresa. Su duración no puede ser superior a 6 meses, aunque por convenio se puede ampliar a un año. Se formaliza por escrito. Puede ser a tiempo completo o parcial. Se extingue previa denuncia de las partes por expiración del plazo convenido. Al finalizar, el trabajador tiene derecho a una indemnización de doce días de salario por año trabajado.	Es por sustitución de personas trabajadoras con reserva de puesto o para cubrir temporalmente un puesto durante un proceso de selección o promoción para su cobertura definitiva. Es a jornada completa, salvo que la jornada de quien se sustituye fuera parcial o que el puesto de cobertura definitiva sea a tiempo parcial. Por escrito, especificando la persona sustituida y la causa de la sustitución. Se extingue por reicorporación de la persona a la que se sustituye, por vencimiento del plazo establecido para la reincorporación, por extinción de la causa de sustitución o en procesos selección por transcurso de un plazo de tres meses.

EJERCICIO 4

Una empresa contrata a un trabajador de forma temporal para la campaña de Navidad. Explique qué tipo de contrato es y cuáles son sus características.

6.3.3 El contrato para la formación en alternancia

Se puede celebrar con personas que carezcan de la cualificación profesional reconocida por las titulaciones o certificados requeridos, con el objetivo de concertar un contrato formativo para la obtención de la práctica profesional.

El contrato podrá concertarse con personas de entre 16 y 30 años si se suscribe con certificados de profesionalidad de nivel 1 y 2, y programas públicos o privados de formación en alternancia de empleo-formación que formen parte del Catálogo de Especialidades Formativas del Sistema Nacional de Empleo.

El límite de 30 años no será de aplicación en el supuesto de contratos de formación en alternancia en el marco de estudios universitarios, de formación profesional y certificados de profesionalidad de nivel 3.

Tampoco será de aplicación el límite máximo de edad cuando el contrato se concierte con personas con discapacidad o con miembros de colectivos en situación de exclusión social.

La **duración** del contrato será la prevista en el correspondiente plan o programa formativo, con un mínimo de tres meses y un máximo de dos años. En caso de personas con discapacidad se puede ampliar un año más.

La **jornada** será la suma del tiempo de trabajo efectivo en la empresa y del tiempo de formación teórica. Pero no puede superar el 65 % el primer año y el 85 % durante el segundo de la jornada máxima establecida en el convenio o la máxima legal. No podrán hacerse horas complementarias ni extraordinarias, ni trabajo nocturno ni a turnos. No tendrá periodo de prueba y no se podrá contratar a personas que hayan desarrollado con anterioridad dicha actividad. El **salario** no puede ser inferior al 60 % el primer año ni al 75 % el segundo, año respecto al fijado en convenio para el grupo profesional, y nunca inferior al salario mínimo interprofesional en proporción al tiempo trabajado.

GLOSARIO

Los certificados de profesionalidad son un instrumento que acredita, en el ámbito laboral, el conjunto de competencias profesionales que ha de poseer una persona para el desarrollo de una actividad laboral. La cualificación del certificado depende del nivel; así, el nivel 1 no exige requisitos académicos, el nivel 2 exige el título de Educación Secundaria Obligatoria y el nivel 3, el título de Bachiller.

PARA SABER MÁS

Visite la página web www.sepe.es en su guía de contratos.

6.3.4 El contrato formativo para la obtención de la práctica profesional

El objeto del contrato es obtener la práctica profesional adecuada al nivel de estudios o formación objeto del contrato, mediante la adquisición de las habilidades y capacidades necesarias para desarrollar la actividad laboral correspondiente al título obtenido por la persona trabajadora con carácter previo.

El contrato se efectuará dentro de los tres años, o de los cinco años si es persona con discapacidad, siguientes a la terminación de los estudios correspondientes. No se puede realizar con quien haya obtenido la experiencia profesional o haya ocupado el mismo puesto con un contrato formativo previo, salvo que no haya alcanzado el tiempo máximo previsto, en cuyo caso se hará por este tiempo.

La duración no puede ser inferior a seis meses ni exceder de un año. El salario será el convenido, pero nunca inferior al salario mínimo interprofesional en proporción al tiempo de trabajo efectivo, ni inferior a la retribución mínima del contrato para la formación en alternancia. El periodo de prueba no podrá exceder de un mes, salvo lo establecido en convenio colectivo.

6.3.5 El contrato a tiempo parcial

Es el acordado por un tiempo de horas al día, a la semana, al mes o al año, inferior a la jornada de trabajo de un trabajador a tiempo completo comparable. Se entenderá por trabajador a tiempo completo comparable un trabajador a tiempo completo de la misma empresa y centro de trabajo, con el mismo tipo de contrato de trabajo y que realice un trabajo idéntico o similar.

Los trabajadores a tiempo parcial no podrán realizar horas extraordinarias. Sí que podrán pactar la realización de horas complementarias.

El contrato se formaliza por escrito y en él deberá figurar el número de horas ordinarias de trabajo al día, a la semana, al mes o al año contratadas y su distribución. De no observarse estas exigencias, el contrato se presumirá celebrado a jornada completa, salvo prueba en contrario que acredite el carácter parcial de los servicios.

6.3.6 Otros contratos

Podemos hablar, por un lado, del **contrato de trabajo en grupo,** que se trata de un contrato que es celebrado con un grupo de personas trabajadoras considerado en su totalidad. El jefe del grupo ostentará la representación de los que lo integran, respondiendo de las obligaciones inherentes a dicha representación. Puede ser verbal o escrito y su duración puede ser indefinida.

Por otro lado, el **contrato de relevo,** que se concierta con una persona trabajadora inscrita como desempleada en la correspondiente Oficina de Empleo o que tuviese concertado con la empresa un contrato de duración determinada, para sustituir a la persona trabajadora de la empresa que accede a la jubilación parcial, se celebrará simultáneamente con el contrato a tiempo parcial que se pacte con este último.

La duración del contrato de relevo que se celebre como consecuencia de una jubilación parcial tendrá que ser indefinida o, como mínimo, igual al tiempo que le falte a la persona trabajadora sustituida para alcanzar la edad de jubilación ordinaria. Las transformaciones de los contratos temporales de relevo en indefinidos pueden dar lugar a bonificación.

6.4 Otras formas de contratación

Las empresas a veces acuden a otras empresas para cubrir las necesidades de personal; para ello, acuden a empresas de trabajo temporal o a otras empresas en las que subcontratan sus servicios.

Las empresas de trabajo temporal (ETT) son aquellas cuya actividad consiste en poner a disposición de otra empresa (la empresa usuaria), con carácter temporal, trabajadores por ella contratados. Los trabajadores contratados por medio una ETT tienen los mismos derechos que el resto de los trabajadores y pueden ser contratados en los mismos supuestos.

EJEMPLO 2

En una empresa con una ETT se contrata a varios trabajadores por un aumento en las ventas en Navidad. Se les hace un contrato temporal por circunstancias de la producción. ¿Se les puede contratar con esta modalidad? ¿Cuánto cobrarán? A la finalización del contrato, ¿tienen derecho a indemnización?

Solución:

Sí se les puede contratar bajo esta modalidad, cobrarán lo mismo que el resto de los trabajadores con esta modalidad y tienen derecho a una indemnización, a la extinción del contrato, de doce días de salario por año trabajado.

Para estar actualizado en los cambios sobre contratos de trabajo, visite la página del Servicio Público de empleo:

https://www.sepe.es/HomeSepe/es/

Reto profesional

Consiga un contrato de trabajo, ya sea suyo o de un amigo o familiar. Determine qué modalidad de contrato de trabajo es y, luego, compruebe si cumple con la normativa vigente en cuanto al contenido mínimo de este. Para ello, haga una tabla en la que aparezca en la columna de la izquierda los elementos esenciales que lo componen y, en la columna de la derecha, cumplimente los datos siguiendo lo que aparece reflejado en el contrato. Así, podrá comprobar si el empresario cumple o no con la normativa.

Mapa conceptual

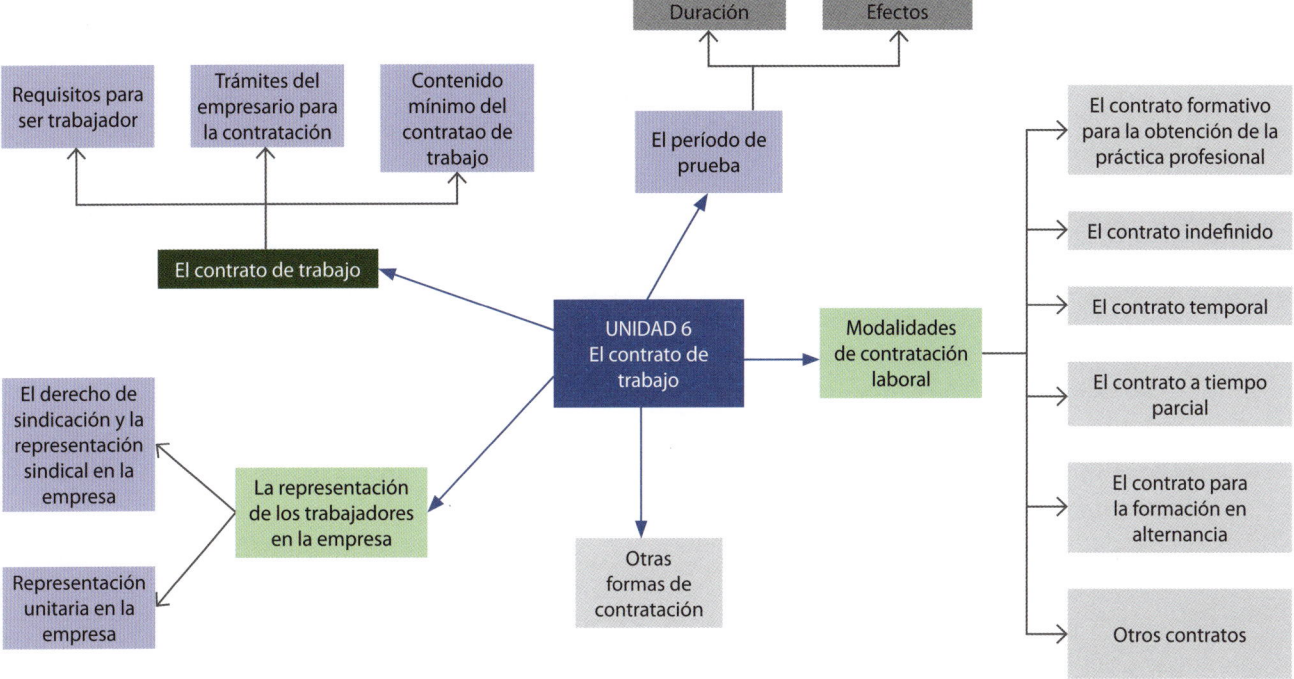

- El contrato de trabajo es el acuerdo entre el trabajador, que se compromete a prestar la relación laboral, y el empresario, que recibe dicha prestación y que queda obligado a la remuneración de esta.

- Los elementos del contrato son: la capacidad, el consentimiento, el objeto y la causa. Es importante saber quién puede ser trabajador y quién empresario.

- Las características principales de los contratos son la forma y la duración.

- Todo contrato tiene un contenido mínimo que debe reflejarse en el contrato, aunque cabe la posibilidad de establecer cláusulas adicionales.

- Según la duración de los contratos podemos hablar de contrato indefinido o de contrato temporal.

- Al formular un contrato de trabajo se puede convenir un periodo de prueba para comprobar la conveniencia de la contratación.

- El contrato temporal por circunstancias de la producción es debido al incremento ocasional e imprevisible de la actividad normal de la empresa.

- El contrato de sustitución es por sustitución de personas trabajadoras con reserva de puesto o para cubrir temporalmente un puesto durante un proceso de selección o promoción para su cobertura definitiva.

- El contrato para la formación en alternancia se puede celebrar con personas que carezcan de la cualificación profesional reconocida por las titulaciones o certificados requeridos para concertar un contrato formativo para la obtención de la práctica profesional.

- El contrato formativo para la obtención de la práctica profesional adecuada al nivel de estudios o formación objeto del contrato se produce mediante la adquisición de habilidades y capacidades necesarias para desarrollar la actividad laboral correspondiente al título obtenido por la persona trabajadora con carácter previo.

- El contrato a tiempo parcial es el acordado por un tiempo de horas al día, a la semana, al mes o al año inferior a la jornada de trabajo de un trabajador a tiempo completo comparable.

- El contrato en grupo se trata de un contrato que es celebrado con un grupo de personas trabajadoras considerado en su totalidad.

- El contrato de relevo se concierta con una persona trabajadora inscrita como desempleada en la correspondiente Oficina de Empleo o que tuviese concertado con la empresa un contrato de duración determinada, para sustituir a la persona trabajadora de la empresa que accede a la jubilación parcial.

- Las empresas pueden utilizar otras formas de contratación, ya sea por medio de empresas de trabajo temporal (ETT) o por la subcontratación de servicios en otras empresas.

1. El contrato de trabajo:
   a) Es un acuerdo por parte del empresario y el trabajador.
   b) El trabajador presta sus servicios.
   c) El empresario se obliga a abonar un salario.
   d) Todas son correctas.

2. Puede ser trabajador:
   a) Un menor de edad emancipado.
   b) Un trabajador de la Unión Europea.
   c) Un extranjero con permiso de residencia y de trabajo.
   d) Todas son correctas.

3. Un empresario:
   a) Es siempre una persona jurídica.
   b) Es siempre una persona física.
   c) Solo puede ser una sociedad mercantil.
   d) Ninguna es correcta.

4. Un contrato temporal:
   a) Es aquel contrato que no establece una duración determinada.
   b) Es aquel contrato que establece una duración determinada, pero debe especificarse concretamente la causa que justifica dicha temporalidad.
   c) Es aquel contrato en el que no debe especificarse concretamente la causa que justifica dicha temporalidad.
   d) Todas son correctas.

5. En un periodo de prueba:
   a) El empresario da por finalizado el mismo en cualquier momento.
   b) El trabajador lo da por finalizado cuando quiera.
   c) Debe fijarse por escrito.
   d) Todas las anteriores.

6. Un contrato indefinido:
   a) Se hace por escrito siempre.
   b) Se hace verbalmente siempre.
   c) Se sabe la fecha de su finalización.
   d) Ninguna es correcta.

7. Un contrato temporal por circunstancias de la producción:
   a) Su duración son cinco años.
   b) Es para sustituir a un trabajador de baja.
   c) Es debido a un incremento de la actividad de la empresa.
   d) Se formaliza verbalmente.

8. Los trabajadores a tiempo parcial:
   a) No pueden hacer horas complementarias.
   b) Pueden hacer horas extraordinarias.
   c) Su contrato no se hace por escrito.
   d) Ninguna de las anteriores.

9. Los trabajadores de una ETT:
   a) No tienen los mismos derechos que el resto de los trabajadores.
   b) No tienen derecho a indemnización.
   c) No pueden hacer horas extraordinarias.
   d) Ninguna es correcta.

10. Un contrato de relevo:
   a) Se concierta con una persona desempleada inscrita en la Oficina de Empleo.
   b) Es de duración determinada.
   c) Es debido a la jubilación parcial de un trabajador.
   d) Todas las anteriores.

ACTIVIDAD 1

Identifique qué tipo de contrato es y si tiene alguna irregularidad:

1. Raúl es contratado por una empresa para la campaña de Navidad por un periodo de tres meses. El contrato se realiza de forma verbal.

2. Silvia Fernández, sin titulación alguna, puesto que no ha terminado sus estudios de la ESO, tiene 35 años y es contratada para aprender el oficio de pintar platos de cerámica. El contrato no incluye ningún tipo de formación teórica y pretenden pagarle 400 euros al mes.

3. Pepe terminó sus estudios de auxiliar de enfermería hace ya 7 años y ha sido contratado para llevar a cabo sus prácticas y adquirir suficiente experiencia. Le van a pagar un salario de 510 euros al mes. Le han puesto un periodo de prueba de 3 meses.

4. Luisa ha sido contratada para sustituir a una persona que está de baja. Le han dicho que su contrato es indefinido.

5. Miguel fue contratado para suplir la plaza de una persona que se jubilará en cinco años. No le han llamado del paro. Le han hecho un contrato de un año a tiempo parcial.

El tiempo de trabajo y el salario

En esta unidad va a estudiar:

- El tiempo de trabajo: jornada y tiempo de descanso
- El salario
- El recibo de salarios: la nómina

Con su estudio, va a ser capaz de:

- Conocer la jornada laboral referida al tiempo de trabajo.
- Ejercer derechos y deberes derivados del contrato de trabajo.
- Conocer las medidas para conciliar la vida laboral y familiar.
- Identificar los diferentes componentes del recibo de salarios.

7.1 El tiempo de trabajo

Cuando hablamos del tiempo de trabajo nos referimos a uno de los elementos más importantes de la relación laboral y que influye en las condiciones de trabajo. Nos referimos a la jornada, al horario y a los descansos.

7.1.1 La jornada de trabajo

Es el trabajo que se presta a lo largo del tiempo ordinario. La duración será la pactada en el convenio colectivo o, en su defecto, en el contrato, pero no podrá ser superior a la establecida en el Estatuto de los Trabajadores, que es de 40 horas semanales de trabajo efectivo de promedio en cómputo anual.

Las 40 horas semanales de duración máxima deben entenderse como media en el año, de forma que por convenio colectivo o por acuerdo entre trabajador y empresario se puede establecer una distribución irregular de la jornada.

PARA SABER MÁS

Consulte el Real Decreto 1561/1995, de 21 de septiembre, sobre jornadas especiales de trabajo. En relación a nuevos cambios legislativos sobre la jornada laboral consulte la página del Ministerio de Trabajo y Economía Social:

https://www.mites.gob.es/es/extras/buscador/resultados.htm?q=&buscar.x=8&buscar.y=6&hl=es

Cabe la posibilidad de reducción de jornada por circunstancias personales como medida de conciliación de la vida personal y familiar.

Figura 7.1 Reducciones de jornada.

Reducción de su jornada laboral para cuidar a un hijo menor de 12 años: con una disminución proporcional del salario.

Lactancia hasta que el hijo cumpla nueve meses: durante la lactancia, pueden ausentarse durante una hora cada día sin perder salario.
Se puede dividir en dos medias horas por jornada y se incrementa proporcionalmente en caso de parto múltiple. Si está previsto en el convenio colectivo o si se acuerda con la empresa, pueden sustituirse las horas de lactancia por una reducción de media hora al día o también se pueden acumular las horas de lactancia en jornadas consecutivas y sumarlas a la baja por maternidad.

Hospitalización de un hijo prematuro: los padres pueden ausentarse durante una hora al día sin reducción de salario. Pueden pedir una reducción de dos horas diarias, con una disminución proporcional del salario.

Cuidar de un hijo, como máximo, de 18 años: por razones de hospitalización o tratamiento continuado debido a enfermedad grave acreditada por los organismos competentes.

GLOSARIO

Conciliación laboral y familiar consiste en compatibilizar el tiempo personal, familiar y laboral, y equilibrarlo según cada obligación, necesidad y prioridad de la persona trabajadora.

EJERCICIO 1

Explique si es correcta o no esta afirmación y diga por qué: "La jornada ordinaria de trabajo no podrá superar en ningún caso las 40 horas semanales".

Es la distribución diaria del tiempo de trabajo y, salvo pacto contrario, lo fija el empresario.

El horario de trabajo se puede desarrollar en jornada continuada o partida.

En el caso de **jornada continuada**, cuando la jornada exceda de 6 horas, los trabajadores tienen derecho a un descanso de 15 minutos como mínimo. Este descanso se aumenta a 30 minutos en caso de ser menores de 18 años y siempre que su jornada continuada exceda de 4 horas y media.

La **jornada partida** es la que divide la prestación del trabajo en dos periodos, debiendo haber una interrupción del trabajo de, al menos, una hora.

La jornada de trabajo diaria no puede superar las 9 horas, a no ser que los trabajadores y los empresarios hayan acordado otra distribución en el convenio colectivo o por acuerdo, respetando en todo caso la norma general que dice que deben mediar, entre el fin de una jornada y el comienzo de otra, como mínimo, 12 horas. Los menores de 18 años no podrán trabajar más de 8 horas diarias.

Se prevé la modificación de la jornada laboral, por ello, el Consejo de Ministros ha aprobado, a propuesta del Ministerio de Trabajo y Economía Social el Anteproyecto de Ley para la reducción de la duración máxima de la jornada ordinaria de trabajo y la garantía del registro de jornada y el derecho a la desconexión. Así vemos que, el texto refundido de la Ley del Estatuto de los Trabajadores, aprobado por el Real Decreto Legislativo 2/2015, de 23 de octubre, queda modificado y su artículo 34.1 queda redactado del siguiente modo: «1. La duración de la jornada de trabajo será la pactada en los convenios colectivos o contratos de trabajo. La duración máxima de la jornada ordinaria de trabajo será de treinta y siete horas y media semanales de trabajo efectivo de promedio en cómputo anual».

Para ello, consulte el siguiente enlace:

https://www.congreso.es/public_oficiales/L15/CONG/BOCG/A/BOCG-15-A-58-1.PDF

Además, para estar actualizado sobre la aprobación de la ley para la reducción de la duración máxima de la jornada ordinaria de trabajo y la garantía del registro de jornada y el derecho a la desconexión, consulte la página web del ministerio: https://www.mites.gob.es

7.1.1.1 Tipos de trabajo

Podemos hablar de un trabajo nocturno cuando se desarrolla entre las 10 de la noche y las 6 de la mañana. El trabajo nocturno no puede exceder de 8 horas de media en 15 días y tampoco se pueden realizar horas extraordinarias durante el mismo. Se considera como horario nocturno cuando se realizan en el periodo de noche por menos tres horas diarias de trabajo o un tercio de la jornada del trabajo anual.

En cambio, un trabajo a turnos es el que se realiza en horas diferentes en periodos de días o de semanas. Los trabajadores no pueden estar más de dos semanas seguidas en turno de noche salvo que ellos lo hayan querido así.

7.1.1.2 Horas extraordinarias

En la jornada laboral, siempre que se exceda de la máxima fijada por la ley o por el convenio colectivo, estaremos ante horas extraordinarias. Estas horas son voluntarias y pueden ser pagadas en la cuantía pactada, que como mínimo será la misma que la de una hora ordinaria, o pueden ser compensadas con tiempos de descanso equivalentes. Si no se ha pactado nada, se entiende que se compensan las horas por tiempo de descanso retribuido, que se disfrutará dentro de los cuatro meses siguientes a su realización.

Existe otro tipo de horas extraordinarias que tienen un carácter obligatorio. Se trata de horas que han sido pactadas previamente en convenio o en contrato o por fuerza mayor, en el caso de reparar siniestros, o por hechos urgentes no imputables al empresario.

El número de horas extra voluntarias que pueden realizarse al año son 80; no se incluyen en este cómputo las que se deben a fuerza mayor ni las que se compensan por tiempos de descanso.

EJERCICIO 2

María tiene 17 años y ha formalizado un contrato de trabajo. El empresario le ha dicho que tiene que hacer horas extraordinarias. ¿Es correcta su actuación?

7.1.2 Los descansos

Dentro del tiempo de trabajo podemos distinguir el tiempo de trabajo efectivo del que no lo es. Es decir, aquel tiempo en el que el trabajador es retribuido, pero no realiza ninguna actividad y no está a disposición del empresario. Los periodos mínimos de descanso vienen establecidos en el Estatuto de los Trabajadores, pero pueden ser mejorables por el convenio colectivo o el contrato de trabajo. Hemos visto anteriormente el descanso diario en el caso de la jornada continuada y el descanso entre jornadas, pero también todo trabajador tiene derecho a un descanso semanal que será, como mínimo, de día y medio ininterrumpido, que, normalmente, comprende la tarde del sábado o la mañana del lunes y el domingo completo. Los menores de 18 años tienen derecho a dos días ininterrumpidos. Este descanso retribuido es acumulable por periodos de hasta 14 días.

Podemos hablar de los **permisos retribuidos,** que serán aquellos periodos de tiempo en los que el trabajador, previo aviso y justificación posterior, puede ausentarse del trabajo con derecho a retribución.

Figura 7.2 Permisos retribuidos.

MATRIMONIO	15 días naturales, incluido el de la boda.
TRASLADO DE DOMICILIO	1 día natural.
NACIMIENTO DE UN HIJO	Dos días naturales en la misma localidad.
ENFERMEDAD GRAVE O FALLECIMIENTO DE UN FAMILIAR (HASTA 2º GRADO DE CONSANGUINIDAD O AFINIDAD)	Cuatro días naturales en distinta localidad.
INTERVENCIÓN QUIRÚRGICA SIN HOSPITALIZACIÓN QUE PRECISE REPOSO DOMICILIARIO DE UN FAMILIAR (HASTA 2º GRADO DE CONSANGUINIDAD O AFINIDAD)	Cinco días
CUMPLIMIENTO DE UN DEBER DE CARACTER PÚBLICO O PERSONAL INEXCUSABLE	El tiempo indispensable

PARA SABER MÁS

Son familiares por consanguinidad o afinidad hasta:

Primer grado: padres, madres, suegros, suegras, hijos, hijas, yernos y nueras.

Segundo grado: abuelos, abuelas, hermanos, hermanas, cuñados, cuñadas, nietos y nietas.

Tercer grado: bisabuelos, bisabuelas, tíos, tías, sobrinos, sobrinas, biznietos y biznietas.

Cuarto grado: primos y primas.

GLOSARIO

Días naturales son absolutamente todos los días que conforman un año completo, mientras que los días hábiles o laborables son los que van de lunes a viernes de cada semana a no ser que sean festivos o que se considere el sábado como laborable dependiendo de la actividad de la empresa.

En cuanto a las **vacaciones,** son un derecho irrenunciable por parte del trabajador. Tiene derecho a un periodo de vacaciones retribuidas no inferior a 30 días naturales por cada año trabajado o a la parte proporcional si se trabaja menos de un año.

Se deben disfrutar y, por lo tanto, no cabe sustituirlas por dinero, aunque existen dos excepciones: cuando el trabajador cesa en la empresa sin disfrutar las vacaciones, tendrá derecho a una compensación económica de los días de vacaciones generados y no disfrutados, y cuando el trabajador es contratado por un periodo inferior al año y no ha disfrutado de las vacaciones que le corresponden.

Deben disfrutarse en el mismo año natural y, por lo tanto, no cabe acumularlas para el año siguiente, aunque algunas empresas permiten disfrutarlas fuera del año natural. Si el periodo de vacaciones coincide con una incapacidad temporal por embarazo, maternidad, paternidad, parto o lactancia tendrá derecho a disfrutar de las vacaciones después de la incapacidad, aunque haya terminado el año natural al que correspondían. En el caso de que la incapacidad fuera por accidente o enfermedad, podrá disfrutarlas siempre que no hayan pasado 18 meses a partir del final del año en el que ha tenido lugar la enfermedad o accidente. El tiempo de disfrute se establece de mutuo acuerdo y el trabajador debe conocerlo con antelación de dos meses a su disfrute.

EJERCICIO 3

Laura, trabajadora en una empresa, está de baja por maternidad y quiere saber si puede cogerse las vacaciones puesto que su periodo vacacional le coincide estando de baja por maternidad. ¿Qué le aconsejaría?

El calendario laboral se debe confeccionar anualmente por las empresas y en él constarán los días inhábiles a efectos laborales, que serán retribuidos y no recuperables. Las fiestas laborales no podrán exceder de 14 días al año, de las cuales dos serán locales y dos autonómicas, generalmente.

7.2 El salario

Es la retribución que el empresario da al trabajador en compensación por los servicios laborales que recibe de este. El cobro del salario constituye el principal derecho del trabajador y la obligación básica del empresario. Se considera salario todo aquello que percibe el trabajador en dinero o en especie y que retribuye el trabajo efectivo realizado, como los días de descanso obligatorios. En el caso del salario en especie, no podrá superar el 30 % de las percepciones salariales del trabajador.

7.2.1 El salario mínimo interprofesional

La Constitución española establece que todas las personas tienen derecho como retribución a su trabajo una remuneración suficiente para satisfacer sus necesidades y las de su familia. El SMI es el fijado anualmente por el Gobierno y es la retribución mínima que deben cobrar los trabajadores por cuenta ajena. Es inembargable, salvo en el caso de que el trabajador tenga deudas por una pensión de alimentos del cónyuge o de los hijos.

PARA SABER MÁS

Consulte la página web www.sepe.es.

7.2.2 El Fondo de Garantía Salarial (FOGASA)

Es un organismo autónomo, dependiente del Ministerio de Trabajo y Economía Social, que tiene como finalidad pagar los salarios a los trabajadores cuando los empresarios dejan de hacerlo por encontrarse en una situación de insolvencia o concurso de acreedores. Sus fondos proceden de las cuotas que mensualmente abonan los empresarios. El Fondo de Garantía Salarial pagará:

- Los salarios adeudados a los trabajadores cuyo importe no podrá ser superior a la cantidad que resulte de multiplicar el doble del salario mínimo interprofesional diario por el número de días de salario pendientes de pago, con un máximo de 120 días.

- Las indemnizaciones por despido o extinción del contrato, reconocidas en conciliación o resolución judicial o administrativa, con un límite de una anualidad, sobre la base de 30 días de salario por año trabajado, prorrateándose por meses los periodos inferiores al año, sin que el salario diario pueda sobrepasar el doble del SMI diario.

EJEMPLO 1

A un trabajador le deben los dos últimos meses de salario, a razón de 1000 euros al mes, y la empresa se ha declarado insolvente. Calcule cuánto le abonará el FOGASA.

Solución:

La norma establece que se le abonan los salarios pendientes de pago sin que pueda superar el doble del salario mínimo diario y sin que sea superior a 120 días. Para ello calculamos:

1.º Cuánto cobra al día: 1500/30 días = 50 €/día
El SMI diario 2024 es de 37,80 euros diarios, con lo cual no supera el doble del SMI diario.

2.º Le deben dos meses, es decir 60 días, con lo cual tampoco supera el máximo de 120 días.

3.º Por lo tanto, el FOGASA le abonará lo que le deben: 50 euros al día por los 60 días serán 3000 euros.

7.3 La nómina

El empresario está obligado a entregar el recibo de salarios o nómina al trabajador en el que se especifiquen las percepciones así como los descuentos que se practiquen. El recibo de salarios se debe ajustar al modelo establecido por el Ministerio.

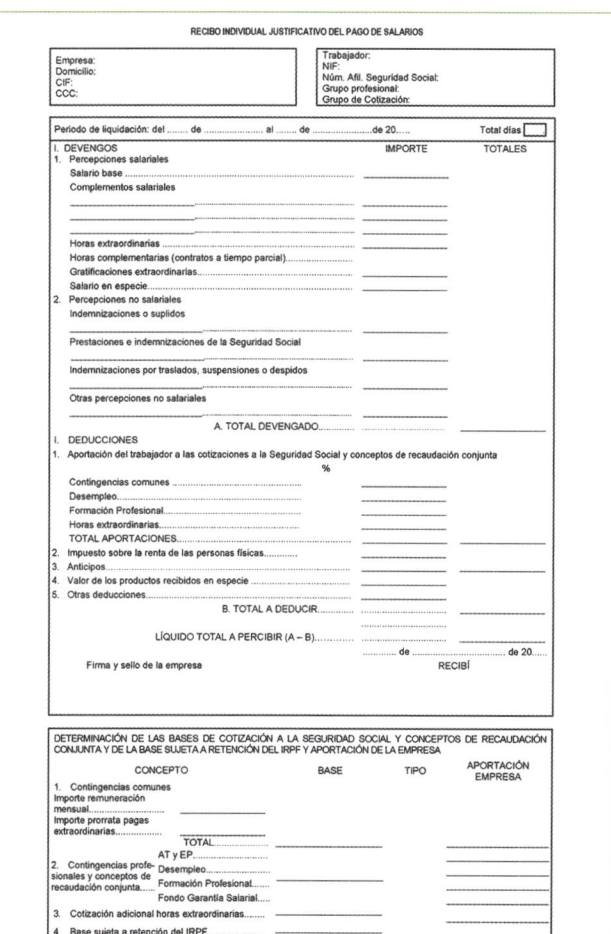

Amplíe la figura aquí

Figura 7.3 Modelo recibo de salarios BOE-A-2014-11637. Orden ESS/2098/2014, de 6 de noviembre.

7.3.1 Devengos

Nos referimos a las cantidades que recibe el trabajador por diversos conceptos. Hablamos de percepciones salariales y percepciones no salariales (no se consideran salario, pero cotizan a la Seguridad Social y tributan en el IRPF las que sobrepasan unos límites, que luego veremos).

Figura 7.4 Percepciones salariales.

SALARIO BASE	Es el fijado en el convenio colectivo para cada grupo profesional.
COMPLEMENTOS SALARIALES	Cantidades que se suman al salario base para retribuir determinadas circunstancias propias del trabajador, del trabajo desempeñado o de la cantidad o calidad del trabajo. Son, por ejemplo, los complementos personales, es decir, por antigüedad en la empresa, por el título o el idioma; complementos del puesto de trabajo, es decir, porque el trabajo sea peligroso o nocturno; complementos del producto, es decir, por la calidad o cantidad del trabajo, la productividad, la asistencia o la puntualidad.
DE VENCIMIENTO PERIÓDICO SUPERIOR AL MES	Pagas extraordinarias: son dos como mínimo, una en Navidad y otra en el mes que se pacte. Participación beneficios: gratificación anual que se pacta en convenio independiente de los beneficios de la empresa. Prima o *bonus*: bonificación vinculada a los objetivos marcados por la empresa.
SALARIO EN ESPECIE	Son los casos del vehículo de empresa, seguro de vida, vivienda de la empresa, aportaciones a planes de pensiones, vales o tiques restaurante…

Figura 7.5 Percepciones no salariales.

INDEMNIZACIONES Y SUPLIDOS	Gastos de manutención y estancia en viajes. Plus de transporte urbano y distancia. Gastos de locomoción. Quebranto de moneda por errores en cobros y pagos de forma involuntaria. Indemnización por desgaste prendas trabajo, herramientas…
PRESTACIONES DE LA SEGURIDAD SOCIAL	Son prestaciones por incapacidad temporal derivada de enfermedad común o profesional y accidente o por desempleo parcial.
MEJORAS DE LA ACCIÓN PROTECTORA DE LA SEGURIDAD SOCIAL	En el caso de que las empresas mejoren las prestaciones de la Seguridad Social.
INDEMNIZACIONES	En caso de despidos, traslados, suspensiones…
OTRAS PERCEPCIONES	Productos en especie que dan voluntariamente las empresas, como cheque guardería, seguros…

El **TOTAL DEVENGADO** de la nómina será la suma de todas las percepciones, tanto salariales como no salariales.

7.3.2 Deducciones

Para calcular la cantidad neta que percibirá el trabajador a fin de mes, debemos practicar una serie de deducciones sobre los devengos calculados en el apartado anterior. Las principales deducciones son las siguientes:

- Cotización a la Seguridad Social.
- Impuesto sobre la renta de las personas físicas (IRPF).
- Otras deducciones: anticipos a cuenta del trabajo, valor económico de los productos en especie, sanciones disciplinarias, cuotas de afiliación…

7.3.2.1 Cotización a la Seguridad Social

Se trata de que tanto trabajadores como empresarios, para cubrir determinados riesgos o contingencias, deben cotizar a la Seguridad Social.

Primero calculamos las bases de cotización:

A. Base de cotización por contingencias comunes (BCCC). Tenemos que diferenciar si el salario es mensual o diario.

BCCC mensual:

1.º Computamos los devengos salariales del mes; se excluyen los conceptos extrasalariales no computables (figura 3.4) y las horas extraordinarias.

Figura 7.6 Conceptos extrasalariales no computables en la base de cotización (exceso si computan).

CONCEPTO	IMPORTE EXENTO	IMPORTE COMPUTABLE
Gastos manutención	Importe establecido por la Agencia Tributaria	Exceso de tales cantidades
Gastos estancia	Importe justificado	Importe no justificado
Gastos locomoción	Importe justificado con factura. Sin justificación: 0,26 €/km recorrido	Exceso importe
Indemnizaciones por fallecimiento, traslado y suspensiones	Importe legal	Exceso importe
Prestaciones Seguridad Social y sus mejoras		
Despidos		

2.º Se añade la parte proporcional de las pagas extra mediante la siguiente fórmula:

$$\text{Importe anual paga extra} \div 12 \text{ meses}$$

3.º Se comprueba que la base de cotización está comprendida dentro del mínimo y el máximo establecidos para el grupo profesional. Miramos los grupos del 1 al 7 (Figura 3.5 Bases de cotización). Si está por debajo de la mínima, cogemos la mínima; si está por encima de la máxima, cogemos la máxima, y si está en medio, cogemos esta.

Figure 7.7 Bases de cotización.

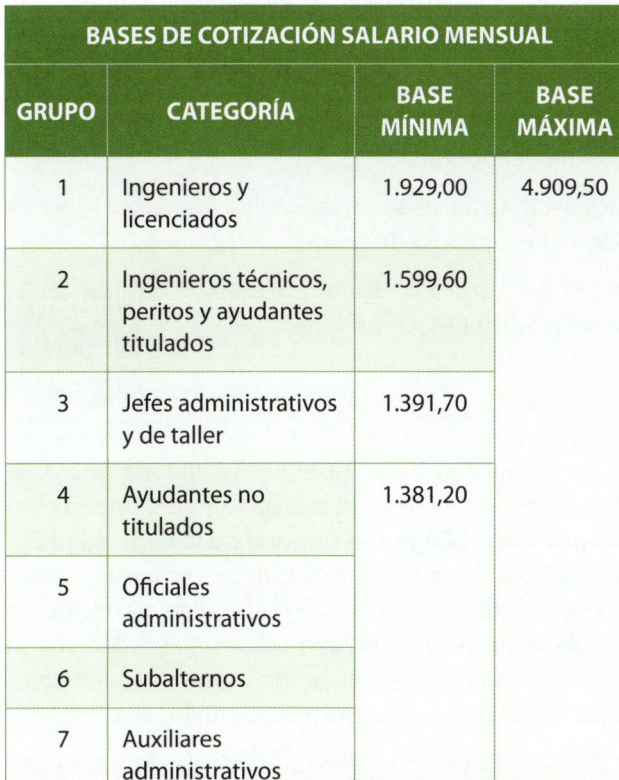

BASES DE COTIZACIÓN SALARIO MENSUAL

GRUPO	CATEGORÍA	BASE MÍNIMA	BASE MÁXIMA
1	Ingenieros y licenciados	1.929,00	4.909,50
2	Ingenieros técnicos, peritos y ayudantes titulados	1.599,60	
3	Jefes administrativos y de taller	1.391,70	
4	Ayudantes no titulados	1.381,20	
5	Oficiales administrativos		
6	Subalternos		
7	Auxiliares administrativos		

BASES DE COTIZACIÓN SALARIO DIARIO

GRUPO	CATEGORÍA	BASE MÍNIMA	BASE MÁXIMA
8	Oficiales de primera y segunda	46,04	163,65
9	Oficiales de tercera y especialistas		
10	Peones		
11	Trabajadores menores de 18 años, cualquiera que sea su grupo profesional		

PARA SABER MÁS

Consulte la página web: www.seg-social.es. En ella están actualizadas las bases y tipos de cotización.

EJEMPLO 2

Calcule las bases de cotización de un trabajador del grupo 7, auxiliar administrativo, que cobra de salario base 1050 euros al mes y un complemento de antigüedad de 125 euros al mes, y tiene derecho a dos pagas extra de salario base al año.

Solución:

BCCC: Sumamos salario base y antigüedad: 1175 euros

Calculamos la prorrata de la paga extra: 2 pagas de 1050 euros / 12 meses = 175 euros

Total BCCC = 1350 euros. La comparamos con la mínima y la máxima y está dentro. Por lo tanto, la BCCC será 1350 euros.

Total BCCP = será la misma, puesto que no hay horas extra. Comparamos con los topes máximo y mínimo, y entra en medio. Por lo tanto, BCCP = 1350 euros.

BCCC diaria:

1.º Se computan en forma diaria los salarios del mes, excluyendo percepciones extrasalariales no computables y las horas extraordinarias.

2.º Se añade la parte proporcional de las pagas extra por la fórmula:

Importe anual pagas extra ÷ 365 o 366 días

3.º Se comprueba que esté dentro de la mínima y la máxima de los grupos 8 a 11. Si es inferior, cogemos la mínima; si es superior, cogemos la máxima, y si está en medio, cogemos la que ha salido.

4.º Se multiplica la base resultante por los días del mes.

B. Base de cotización por contingencias profesionales (BCCP).

A la base de cotización por contingencias comunes que nos ha resultado anteriormente (apartado A) le sumamos las horas extraordinarias. Comprobamos que esté dentro del tope mínimo y el tope máximo.

EJEMPLO 3

Calcule las bases de cotización de un trabajador del grupo 5, oficial administrativo, que cobra de salario base 1350 euros al mes, que ese mes hizo en concepto de horas extra 125 euros y que tiene derecho a dos pagas extra de salario base al año.

Solución:

BCCC: Sumamos salario base de 1350 euros más la prorrata de paga extra.

Calculamos la prorrata de paga extra: 2 pagas de 1350 euros / 12 meses = 225 euros

Total BCCC = 1575 euros. La comparamos con la mínima y la máxima y está dentro. Por lo tanto, la BCCC será 1575 euros.

Total BCCP = Sumamos la BCCC más horas extra. Será 1575 más 125 = 1700. Comparamos con los topes máximo y mínimo y entra en medio. Por lo tanto, BCCP= 1700 euros.

7.3.2.2 Impuesto sobre la renta de las personas físicas (IRPF)

Las empresas deben descontar de las nóminas de sus trabajadores una cantidad en concepto de IRPF; se trata de un ingreso a cuenta de la declaración del impuesto que tendrán que efectuar los trabajadores al año siguiente. Se practica la retención sobre los rendimientos íntegros del trabajador, excepto los siguientes:

- Gastos de locomoción justificados.

- Gastos de viaje y dietas que no superen los límites establecidos.

- Indemnizaciones por fallecimiento.

- Gastos por traslado.

- Indemnizaciones por despido si no superan el límite establecido.

- En los supuestos determinados del salario en especie.

7.3.2.3 Aplicación de los tipos de cotización y de retención

Una vez calculadas las bases de cotización a la Seguridad Social y de retención del IRPF, les tenemos que aplicar los tipos, para obtener la cuota que se ingresará a la Seguridad Social y a Hacienda. Los tipos de contingencias comunes se aplican sobre la BCCC. Los tipos por desempleo y formación profesional se aplican sobre la BCCP. En el caso de horas extraordinarias, el tipo se aplica sobre el importe de estas. La cotización de la empresa por IT y por IMS, y para el FOGASA es sobre la BCCP. El tipo de cotización del MEI se aplica sobre la BCCC.

Figura 7.8 Tipos de cotización a la Seguridad Social.

CONCEPTO	EMPRESA	TRABAJADOR	TOTAL
Contingencias comunes	23,60	4,70	28,30
Desempleo General Contrato duración determinada tiempo completo o parcial	5,50 6,70	1,55 1,60	7,05 8,30
Horas extra fuerza mayor	12,00	2,00	14,00
Resto de horas	23,60	4,70	28,30
Formación Profesional	0,60	0,10	0,70
Fogasa	0,20	–	0,20
Mecanismo Equidad Intergeneracional (MEI)	0,67	0,13	0,80
Contingencias Profesionales (AT y EP)	Solo cotizan las empresas atendiendo a la actividad económica de la empresa según la Clasificación Nacional de Actividades Económicas.		

En cuanto al tipo de retención, se aplicará el que le corresponda atendiendo a su situación económica y personal.

Así, procederemos a multiplicar la base de cotización o retención por el tipo de cotización o retención y tendremos la cuantía. La suma de todas las cuantías será el total de deducciones.

Para estar actualizado en relación a los tipos de retención visite la página de la Agencia Tributaria:

https://sede.agenciatributaria.gob.es/Sede/Retenciones.shtml

Es importante destacar que, desde el 1 de enero de 2025, se ha establecido **la cotización adicional de solidaridad en el Régimen General de la Seguridad Social**. Se trata de un nuevo tipo que se aplica sobre, el tramo salarial que supere la base máxima de cotización. Se calcula de forma gradual, con porcentajes reducidos en los primeros años y aumentando progresivamente hasta 2045. Los porcentajes para 2025 son los siguientes:

a) El 0,92 por ciento a la parte de la retribución comprendida entre 4.909,51 euros y 5.400,45 euros, siendo el 0,77 por ciento a cargo de la empresa y el 0,15 por ciento a cargo de la persona trabajadora.

b) El 1 por ciento a la parte de la retribución comprendida entre 5.400,46 euros y 7.364,25 euros, siendo el 0,83 por ciento a cargo de la empresa y el 0,17 por ciento a cargo de la persona trabajadora.

c) El 1,17 por ciento a la parte de la retribución que supere los 7.364,25 euros, siendo el 0,98 por ciento a cargo de la empresa y el 0,19 por ciento a cargo de la persona trabajadora.

La cuota de solidaridad se distribuye entre la empresa y el trabajador en la misma proporción que las cotizaciones de contingencias comunes.

Esta cuota solo afecta a los trabajadores asalariados que superen la base máxima de cotización establecida en la Ley de Presupuestos Generales del Estado (PGE) de cada año.

─── PARA SABER MÁS ───

Consulte la siguiente norma: https://www.boe.es/buscar/act.php?id=BOE-A-2025-3780

Y para estar actualizado ante cualquier cambio legislativo, consultar la página del Ministerio de Trabajo y Economía Social: https://www.mites.gob.es/es/sec_leyes/trabajo/index.htm

7.3.2.4 Líquido a percibir en la nómina

Para calcular el importe a percibir mensualmente por el trabajador en su nómina procederemos a:

**TOTAL DEVENGOS – TOTAL DEDUCCIONES =
= TOTAL LÍQUIDO A PERCIBIR**

PARA RECORDAR

Una nómina es un documento oficial que detalla con transparencia la remuneración que recibe un trabajador por sus servicios prestados a una empresa en un tiempo determinado. Es un elemento fundamental tanto para el trabajador como para el empresario, ya que establece las bases para la relación laboral y refleja los derechos y obligaciones de ambas partes.

PARA SABER MÁS

En la siguiente tabla se resumen las diferencias entre el **IPREM** (Indicador Público de Renta de Efectos Múltiples) y el **SMI** (Salario Mínimo Interprofesional):

	IPREM	SMI
Definición	Es un indicador económico utilizado como referencia para determinar la cuantía de determinadas prestaciones sociales, subvenciones, ayudas públicas y deducciones fiscales.	Es el salario más bajo que un empleador puede legalmente pagar a sus empleados por hora o por mes trabajado.
Carácter	Es un indicador económico.	Es un salario mínimo legal.
Cálculo	Se calcula anualmente por el gobierno y se actualiza según la inflación y otros factores económicos.	Se establece por ley y puede ser revisado y actualizado periódicamente por el gobierno según lo considere necesario.
Ámbito de aplicación	Se utiliza como referencia en diversas áreas, como la concesión de ayudas y prestaciones sociales, el acceso a vivienda protegida, la obtención de becas y subvenciones, entre otros.	Se aplica en el ámbito laboral para garantizar un salario digno y justo para todos los trabajadores, independientemente de su nivel de experiencia, responsabilidad o cualificaciones.
Cuantía	Consulte: www.seg-social.es	

Reto profesional

Busque el calendario laboral de su localidad, determine las fiestas laborales, tanto locales como autonómicas. Una vez lo tenga, determine en el siguiente supuesto, cuáles son las características del contrato de trabajo y qué decisión será la más acertada para sus vacaciones teniendo en cuenta el calendario laboral que ha encontrado:

Pedro García, de 43 años. Es un albañil con diez años de experiencia en el sector de la construcción. Trabaja para una empresa de construcción desde hace cinco años y tiene un contrato indefinido a tiempo completo. Su jornada laboral es de ocho horas al día, con una hora de descanso para el almuerzo.

Características del contrato:

- Tipo de contrato:

- Jornada laboral:

- Horario:

- Vacaciones:

Decisión sobre las vacaciones: Pedro debe decidir cuándo tomar sus vacaciones anuales. Por sus preferencias personales, familiares y las necesidades de la empresa, Pablo elige tomar sus vacaciones en agosto, coincidiendo con el período de descanso escolar de sus hijos y cuando la actividad de construcción suele ser más baja por el clima caluroso. La empresa le dice que tiene derecho a elegir entre 30 días naturales de vacaciones o 25 días hábiles.

Mapa conceptual

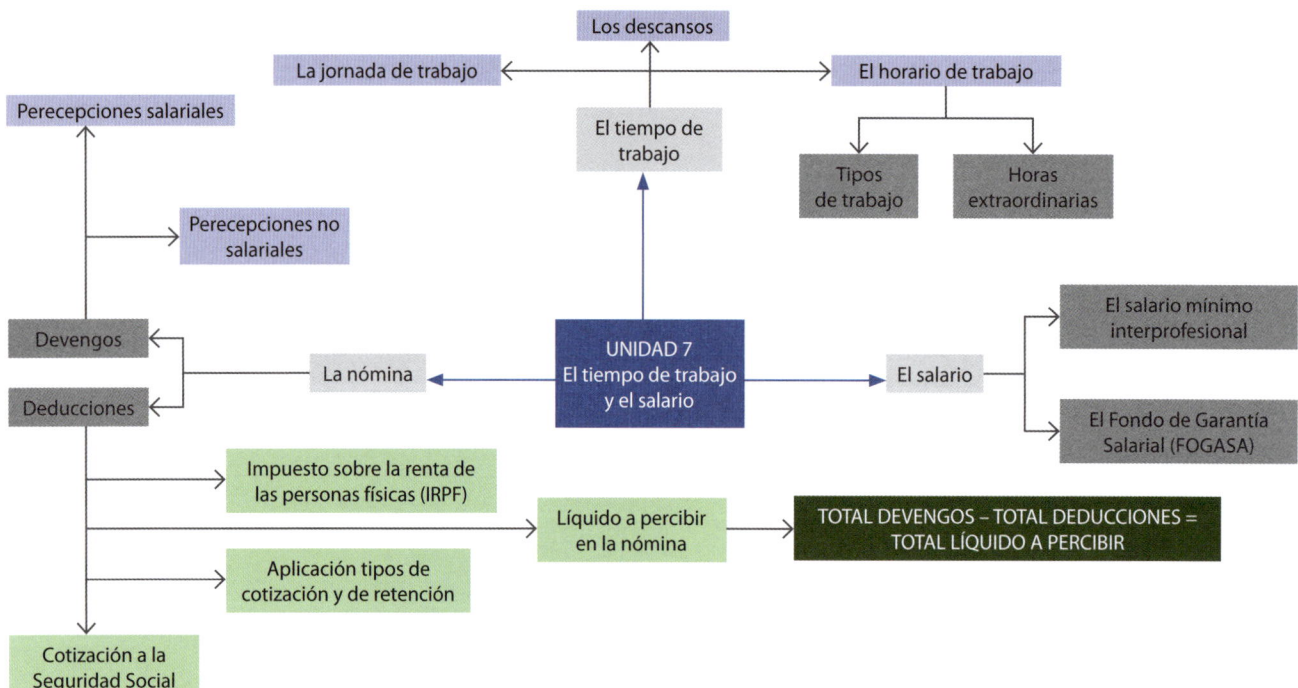

■ La jornada ordinaria será la pactada en el convenio colectivo o, en su defecto, en el contrato, pero no podrá ser superior a la establecida en el Estatuto de los Trabajadores, que es de 40 horas semanales de trabajo efectivo de promedio en cómputo anual. Cabe la posibilidad de una distribución irregular de la jornada.

■ La persona trabajadora puede solicitar la reducción de jornada por circunstancias personales como medida de conciliación de la vida personal y familiar.

■ El horario de trabajo se puede desarrollar en jornada continuada o partida.

■ El trabajo nocturno es el que va desde las 22 horas a las 6 de la mañana. Se considera como horario nocturno cuando se realizan en el periodo de noche por menos tres horas diarias de trabajo o un tercio de la jornada de trabajo anual.

En cambio, un trabajo a turnos es el que se realiza en horas diferentes en periodos de días o de semanas.

■ En la jornada laboral, siempre que se exceda de la máxima fijada por la ley o por el convenio colectivo, estaremos ante horas extraordinarias. Estas horas son voluntarias y pueden ser pagadas en la cuantía pactada, que, como mínimo, será la misma que la de una hora ordinaria, o pueden ser compensadas con tiempos de descanso equivalentes.

■ Los permisos retribuidos serán aquellos periodos de tiempo en los que el trabajador, previo aviso y justificación posterior, puede ausentarse del trabajo con derecho a retribución.

■ Las vacaciones son un derecho irrenunciable por parte del trabajador. Tiene derecho a un periodo de vacaciones retribuidas no inferior a 30 días naturales por cada año trabajado o a la parte proporcional si se trabaja menos de un año.

■ Se considera salario todo aquello que percibe el trabajador en dinero o en especie y que retribuye el trabajo efectivo realizado, como los días de descanso obligatorios. En el caso del salario en especie, no podrá superar el 30 % de las percepciones salariales del trabajador.

■ El SMI es el fijado anualmente por el Gobierno y es la retribución mínima que deben cobrar los trabajadores por cuenta ajena.

■ El FOGASA es un organismo autónomo, dependiente del Ministerio de Trabajo y Economía Social, que pretende pagar los salarios a los trabajadores cuando los empresarios dejan de hacerlo por estar en insolvencia o concurso de acreedores.

■ El recibo de salarios o nómina del trabajador es el documento en el que se especifican las percepciones así como los descuentos que se practican por el trabajo desempeñado. Su entrega es una obligación del empresario y se debe ajustar al modelo establecido por el Ministerio.

TEST DE EVALUACIÓN

1. La jornada ordinaria de trabajo:

a) Es la establecida por el empresario.

b) No puede superar las 40 horas semanales.

c) Será la pactada en el convenio colectivo o en su defecto en el contrato, pero no podrá ser superior a la establecida en el Estatuto de los Trabajadores, que es de 40 horas semanales de trabajo efectivo de promedio en cómputo anual.

d) Será la pactada en el contrato, pero podrá ser superior a la establecida en el Estatuto de los Trabajadores, que es de 40 horas semanales.

2. Las vacaciones:

a) Son un derecho al que se puede renunciar.

b) Las decide el empresario.

c) El trabajador puede compensarlas por trabajo efectivo.

d) Ninguna de las anteriores.

3. Las horas extraordinarias:

a) Son siempre obligatorias.

b) Deben compensarse siempre.

c) Su valor es menor al de la hora ordinaria.

d) Ninguna es correcta.

4. La cotización al FOGASA corresponde:

a) Al trabajador.

b) Al trabajador y al empresario.

c) Al empresario.

d) Todas las anteriores.

5. Serán percepciones salariales:

a) Los gastos de manutención y de estancia.

b) La antigüedad en la empresa.

c) Las indemnizaciones.

d) Todas las anteriores.

6. De las percepciones salariales, el salario en especie:

a) Se puede cobrar un máximo de un 15 %.

b) Se puede cobrar un máximo de un 50 %

c) Se puede cobrar un máximo de un 30 %.

d) Ninguna es correcta.

7. Para el cálculo de la BCCC no se incluye:

a) Las horas extraordinarias.

b) Los complementos salariales.

c) La prorrata de pagas extra.

d) Ninguna es correcta.

8. Si la base de cotización es superior a la máxima legal se coge:

a) La máxima.

b) La mínima.

c) La calculada.

d) Ninguna es correcta.

9. La cotización al FOGASA se anota en la nómina:

a) En deducciones.

b) Como aportación de la empresa a la Seguridad Social.

c) Como aportación del trabajador a la Seguridad Social.

d) Todas las anteriores.

10. No se incluye en la retención al IRPF:

a) La antigüedad.

b) El plus de toxicidad.

c) Las indemnizaciones por fallecimiento.

d) Todas las anteriores.

ACTIVIDADES

ACTIVIDAD 1

Una persona que trabaja diariamente desde las 6 horas de la tarde hasta las 2 de la mañana, ¿tiene un trabajo nocturno? ¿Por qué?

ACTIVIDAD 2

A un trabajador residente en San Sebastián le comunican que su abuelo, residente en Madrid, ha fallecido. ¿Tiene este trabajador derecho a disfrutar algún día de permiso por este motivo?

ACTIVIDAD 3

¿El salario mínimo interprofesional se puede embargar? ¿Por qué?

ACTIVIDAD 4

Un trabajador ha comenzado a trabajar en una empresa el día 1 de mayo. Si el periodo de vacaciones comienza el 1 de agosto. ¿Cuántos días de vacaciones le corresponderán?

ACTIVIDAD 5

Liquide la nómina correspondiente al mes de abril de don José Luis Pardo, NIF 32436637D, n.º afiliación a la Seguridad social 11/41335901/68 con la categoría profesional de auxiliar administrativo, grupo 7 de cotización, con contrato indefinido a tiempo completo en la Empresa Cotten, S.A. con domicilio en Blas Infante n. 57 Sevilla, con el CIF: A-22334455, y con código de cuenta a la Seguridad social 41012345678, y con las siguientes percepciones:

- Salario base 1325 euros/mes.
- Antigüedad 130 euros/mes.
- Horas extraordinarias 120 euros ese mes.
- Tiene derecho a dos pagas extra al año de salario base pagaderas en julio y diciembre.
- Retención a cuenta del IRPF de 10 %.
- La cotización de la empresa por este trabajador es 1,60 % (IT) y 1,40 % (IMS).

U 8

Modificación, suspensión y extinción del contrato de trabajo

En esta unidad va a estudiar:

- La modificación del contrato de trabajo
- La suspensión del contrato de trabajo
- La extinción del contrato de trabajo

Con su estudio, va a ser capaz de:

- Conocer los tipos de modificación, suspensión y extinción del contrato de trabajo.

- Analizar y calcular las principales prestaciones e indemnizaciones derivadas de la modificación, suspensión y extinción de los contratos.

8.1 La modificación del contrato de trabajo

La empresa puede establecer modificaciones en los contratos de trabajo, estas se refieren a diferentes supuestos como: la movilidad funcional, la movilidad geográfica y las modificaciones sustanciales en las condiciones de trabajo.

8.1.1 La movilidad funcional

La empresa puede modificar de forma unilateral las funciones desempeñadas por parte de la persona trabajadora. Para ello, debe respetar las titulaciones académicas o profesionales precisas para ejercer la prestación laboral y también la dignidad del trabajador. Podemos hablar de los casos siguientes:

- Dentro del mismo grupo profesional: en el que, además de respetar lo anteriormente comentado, el trabajador recibirá la retribución correspondiente a sus nuevas funciones y quedará garantizada la retribución que venía percibiendo.

- Fuera del grupo profesional: en cuyo caso se debe justificar por razones técnicas u organizativas, solo por el tiempo imprescindible, y se debe informar a los representantes de los trabajadores. Si se trata de funciones inferiores, se mantiene el salario de origen. Si son funciones superiores, se percibe un salario superior mientras dura la situación y, además, el trabajador puede reclamar la vacante si se trata de un periodo superior a seis meses durante un año u ocho meses durante dos años.

EJERCICIO 1
Una empresa le comunica a un oficial administrativo que al no estar el conserje debe preparar material de fotocopias. Explique si la empresa puede solicitar esta función y qué salario le correspondería.

8.1.2 La movilidad geográfica

Se produce por el traslado o desplazamiento del trabajador a otro centro de trabajo en distinta localidad y que exige cambio de residencia. Se exige su justificación por razones técnicas, organizativas, económicas o productivas.

En el desplazamiento temporal, que será por un tiempo no superior a los doce meses en un periodo de tres años, el trabajador realizará las mismas funciones y tendrá el mismo salario. Cobrará gastos de viaje y dietas. Y podrá disfrutar de cuatro días de estancia en su domicilio de origen por cada tres meses de desplazamiento.

En el traslado definitivo, el trabajador es destinado a un centro de trabajo de la misma empresa, con carácter permanente. También se considera definitivo cuando el desplazamiento excede los doce meses en un periodo de tres años. Puede ser individual o colectivo.

Figura 8.1 Tipos de traslado.

INDIVIDUAL	COLECTIVO
Se notifica con 30 días antelación. El trabajador puede: • Aceptar el traslado (se cobran gastos de traslado). • Extinguir el contrato con indemnización de 20 días de salario por año trabajado, con un máximo de 12 mensualidades. • Reclamar en el juzgado de lo social.	Afecta a un grupo de trabajadores: • Con menos de 100 en plantilla, afecta a un mínimo de 10. • Entre 100 y 300 en plantilla, afecta a un 10 %. • Con más de 301 en plantilla, afecta a un mínimo de 30. Se debe abrir en un plazo de 15 días un periodo de consultas con los representantes de los trabajadores y se debe notificar el traslado a los trabajadores con 30 días de antelación.

EJEMPLO 1
Un trabajador lleva 5 años en una empresa y ha sido trasladado a otro centro en otra ciudad. El trabajador ha decidido no trasladarse. Cobraba de salario base 1 300 euros al mes y una antigüedad de 75 euros al mes, y tenía dos pagas extra de salario base al año. Calcule la indemnización a la que tiene derecho.

Solución:

Primero, calculamos su salario diario:

$(1\,300 + 75)/30 + (2 \times 1\,300)/365 = 54,85$ euros al día

Segundo, calculamos su indemnización:

20 días × 54,85€/día × 5 años = 5485 euros

Tercero, calculamos el límite máximo:

12 meses × 30 días × 54,85 €/día = 1 9746 euros

Cobrará 5485 euros de indemnización porque no supera el límite máximo.

8.1.3 La modificación sustancial de las condiciones de trabajo

Son modificaciones sustanciales de las condiciones de trabajo las que afectan a: la jornada, el horario, la distribución del tiempo de trabajo, el régimen de trabajo a turnos, el sistema de remuneración, la cuantía salarial, los sistemas de trabajo y rendimiento, y las funciones cuando el cambio exceda los límites de la movilidad funcional. Deben existir razones probadas de carácter económico, técnico, organizativo o productivo. Puede ser individual o colectiva.

Figura 8.2 Tipos de modificaciones sustanciales.

INDIVIDUAL	COLECTIVA
Afecta a uno o varios trabajadores, pero sin ser colectiva. El trabajador puede: • Aceptar las nuevas condiciones. • Extinguir el contrato con una indemnización de 20 días de salario por año trabajado y con un máximo de 9 mensualidades. • Reclamar en el juzgado de lo social.	Afecta a un grupo de trabajadores: • Con menos de 100 en plantilla, afecta a un mínimo de 10. • Entre 100 y 300 en plantilla, afecta a un 10 %. • Con más de 301 en plantilla, afecta a un mínimo de 30. Se debe abrir en un plazo de 15 días un periodo de consultas con los representantes de los trabajadores. Si no se llega a un acuerdo, la empresa toma su decisión, que se hará efectiva transcurridos 7 días desde la comunicación del empresario. Los trabajadores pueden recurrir la decisión en conflicto colectivo o de forma individual.

8.2 La suspensión del contrato de trabajo

Se trata de la interrupción durante un tiempo de la prestación laboral, sin que se extinga el contrato firmado entre trabajador y empresa.

Figura 8.3 Causas de suspensión del contrato de trabajo.

Mutuo acuerdo de las partes y causas consignadas en el contrato	Deciden interrumpir la prestación temporalmente, sin trabajar ni abonar salario. Pactan la reserva o no del puesto de trabajo y computa a efectos de antigüedad.
Incapacidad temporal	Se suspende la prestación laboral y salarial hasta el alta, con reserva del puesto de trabajo y computa a efectos de antigüedad.
Maternidad, paternidad, riesgo durante el embarazo y lactancia, adopción y guarda con fines de adopción y acogida	Se suspende la prestación laboral y salarial hasta el alta, con reserva del puesto de trabajo y computa a efectos de antigüedad.
Privación de libertad del trabajador	Se suspende el contrato mientras no exista sentencia firme. Si es absolutoria, se reincorpora a su puesto y si es condenatoria, se extingue la relación laboral. Todo este tiempo computa a efectos de antigüedad.
Suspensión de empleo y sueldo por razones disciplinarias	Su duración depende de la gravedad de la falta. Se reserva el puesto de trabajo y computa a efectos de antigüedad.

Figura 8.3 (Continuación).

Fuerza mayor temporal	Por hecho extraordinario constatado por la autoridad laboral. Se reserva el puesto de trabajo y computa a efectos de antigüedad.
Huelga y cierre patronal	Las partes quedan liberadas de sus obligaciones, siempre que sea legal. Computa a efectos de antigüedad y se reserva el puesto de trabajo.
Trabajadora víctima de violencia de género	Se puede suspender el contrato durante 6 meses, que pueden prorrogarse por decisión judicial por periodos de 3 meses hasta un máximo de 18 meses.
Excedencia voluntaria	Desde cuatro meses a cinco años. Para solicitarla debe hacer un año que está en la empresa. No computa a efectos de antigüedad. No hay reserva del puesto de trabajo, solo derecho preferente. Después de cuatro años desde que fue ejercida, puede volver a solicitarse.
Excedencia forzosa	Durante el ejercicio de un cargo público. Computa a efectos de antigüedad y hay reserva del puesto de trabajo.
Excedencia por cuidado de hijos	Tres años desde el nacimiento, adopción o acogida. Se reserva el puesto de trabajo durante el primer año, los dos restantes será un puesto del mismo grupo profesional. Computa a efectos de antigüedad.
Excedencia por cuidado de un familiar hasta segundo grado de consanguinidad o afinidad que no pueda valerse y no desempeñe una actividad retribuida.	Hasta dos años. El primer año se reserva el puesto de trabajo; el siguiente, otro puesto dentro del mismo grupo profesional. Computa a efectos de antigüedad.

EJERCICIO 4

De los supuestos siguientes, diga cuál es la causa de suspensión del contrato y cuáles son sus efectos:

a) Una trabajadora solicita una excedencia para cuidar a su madre.

b) Una trabajadora es elegida concejal de su Ayuntamiento, resultando el desempeño de tal cargo incompatible con el horario actual de trabajo.

c) Un trabajador es detenido por un delito.

d) Un trabajador recibe una oferta de otro trabajo mejor remunerado y solicita una excedencia.

PARA SABER MÁS

Visite la página del Ministerio de Trabajo y Economía Social, guía laboral:

https://www.mites.gob.es

Para estar actualizado sobre la modificación, suspensión y extinción del contrato de trabajo visite este enlace:

https://www.mites.gob.es/es/Guia/texto/guia_7/index.htm

8.3 La extinción del contrato de trabajo

Significa la terminación definitiva de la relación laboral y de todos sus efectos. Puede deberse a causas diversas, como por acuerdo de las partes, porque así se ha establecido en el contrato o por expiración del tiempo convenido. También a la muerte, incapacidad o jubilación del trabajador o, en el caso del empresario ante estos mismos supuestos, si se produce el cierre de la empresa (en cuyo caso el trabajador tiene derecho a una indemnización de un mes de salario), por la extinción de la personalidad jurídica de la empresa o porque la trabajadora sea víctima de violencia de género.

Pero las principales causas que vamos a estudiar detenidamente son: la extinción del contrato por voluntad del trabajador y la extinción por voluntad del empresario.

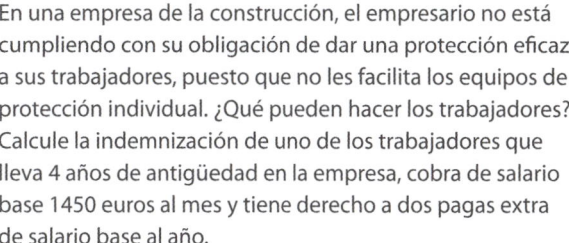

Figura 8.4 Extinción del contrato por voluntad del trabajador.

DIMISIÓN	El trabajador, previo aviso al empresario, puede dar por terminada su relación sin alegar causa alguna, convenientemente, por escrito. El preaviso será de 15 días, a no ser que en el convenio o en el contrato se haya establecido otro plazo. No tendrá derecho a indemnización ni a prestación por desempleo. Sí cobrará la liquidación por las cantidades no abonadas por su trabajo.
ABANDONO	El trabajador deja de acudir al trabajo con la intención de no volver más sin preavisar al empresario y sin que exista causa que lo justifique. Esta actitud podría conllevar la obligación de indemnizar al empresario por los perjuicios ocasionados.
EXTINCIÓN DEL CONTRATO POR INCUMPLIMIENTO GRAVE DEL EMPRESARIO	Causas: modificaciones sustanciales del contrato en perjuicio de la formación profesional o la dignidad del trabajador, la falta de pago o atrasos continuados en el salario, y por cualquier otro incumplimiento grave. En estos casos, el trabajador demandará en el juzgado de lo social, solicitando la extinción, y si el tribunal considera que hay causa suficiente, extinguirá su contrato con una indemnización de 33 días de salario por año trabajado y con un máximo de 24 mensualidades.

EJEMPLO 2

En una empresa de la construcción, el empresario no está cumpliendo con su obligación de dar una protección eficaz a sus trabajadores, puesto que no les facilita los equipos de protección individual. ¿Qué pueden hacer los trabajadores? Calcule la indemnización de uno de los trabajadores que lleva 4 años de antigüedad en la empresa, cobra de salario base 1450 euros al mes y tiene derecho a dos pagas extra de salario base al año.

Solución:

Los trabajadores podrán solicitar la extinción del contrato de trabajo por incumplimiento grave del empresario. Para ello, solicitarán la extinción ante el juzgado de lo social y si este considera que hay causa suficiente, extinguirá su contrato con una indemnización de 33 días de salario por año trabajado y con un máximo de 24 mensualidades.

Indemnización:

Calculamos el salario diario:

1450/30 días + (2 pagas × 1450)/365 días = 56,28 €/día

Calculamos la indemnización:

33 días × 56,28 €/día × 4 años en la empresa = 7 428,96 €

Calculamos el límite:

24 meses × 30 días × 56,28 €/día = 40 521,6 €

Le corresponde una indemnización de 7 428,96 € porque no supera el límite.

Figura 8.5 Extinción del contrato por voluntad del empresario.

DESPIDO COLECTIVO	Extinción del contrato a un número determinado de trabajadores (el mismo que en traslado colectivo y modificación sustancial), por causas económicas, técnicas, organizativas y de producción. Procedimiento: se abre un periodo de consultas con los representantes, mediante una comisión negociadora y se comunica a la autoridad laboral el inicio de un expediente de regulación de empleo. La negociación no puede durar más de 30 días. Puede acabar con acuerdo o desacuerdo. Indemnización: 20 días de salario por año trabajado, con un máximo de 12 mensualidades.

Figura 8.5 (Continuación).

EXTINCIÓN POR CAUSAS OBJETIVAS	Causas: ineptitud del trabajador. Falta de adaptación del trabajador a las modificaciones técnicas en su puesto de trabajo. Causas económicas, técnicas, organizativas o de producción, y que la extinción afecte a un número inferior al establecido en el artículo 51.1 del Estatuto de los Trabajadores. Insuficiencia de consignación presupuestaria para la ejecución de planes y programas públicos. Procedimiento: por escrito, señalando los hechos que lo motivan, con preaviso de 15 días y con derecho a indemnización; en caso de despido procedente, de 20 días de salario por año trabajado, con un máximo de 12 mensualidades y con licencia de 6 horas libres y retribuidas a la semana para buscar nuevo empleo. Si se declara improcedente, la indemnización es de 33 días de salario por año trabajado, con un máximo de 24 mensualidades.
DESPIDO DISCIPLINARIO	Causas por escrito y sin preaviso, con motivos y con fecha de efecto del despido. Faltas repetidas e injustificadas de asistencia o de puntualidad. Indisciplina o desobediencia. Ofensas verbales o físicas al empresario, a las personas que trabajan en la empresa o a los familiares que convivan con ellos. Transgresión de la buena fe contractual y abuso de confianza en el desempeño del trabajo. Disminución continuada y voluntaria en el rendimiento del trabajo normal o pactado. Embriaguez habitual o toxicomanía, si repercuten negativamente en la actividad laboral. El acoso por razón de origen racial o étnico, religión o convicciones, discapacidad, edad u orientación sexual, y el acoso sexual o por razón de sexo al empresario o a las personas que trabajan en la empresa. Si el despido es procedente, no tiene derecho a indemnización. Improcedente: 33 días por año trabajado, con un máximo 24 de mensualidades.

Figura 8.5 (Continuación).

EXTINCIÓN POR FUERZA MAYOR	Se requiere causa motivada por la empresa y comunicación a los representantes ante la autoridad laboral. Esta puede recabar informe de la Inspección de Trabajo y en el plazo de 5 días hábiles dictará resolución. Indemnización: 20 días de salario por año trabajado, con un máximo de 12 mensualidades.

CURIOSIDADES

En caso de indemnización por despido improcedente de los contratos anteriores y formalizados hasta el 11 de febrero de 2012, su cálculo es el siguiente:

- Hasta el 11 de febrero de 2012: indemnización de 45 días de salario por año trabajado, con un máximo de 42 mensualidades

- Desde el 12 de febrero de 2012 hasta la extinción: 33 días de salario por año trabajado, con un máximo de 24 mensualidades.

- El importe máximo de la indemnización total no puede superar los 720 días de salario, salvo que, por el importe anterior, resultase un número de días superior, para lo que el límite serán las 42 mensualidades.

La **calificación del despido** la realiza el juzgado de lo social, previa demanda interpuesta por el trabajador, en 20 días hábiles desde que es efectivo el despido. Será **procedente** cuando han sido probadas las causas y el despido haya cumplido con las formalidades legales. Es **improcedente** en caso contrario. El **despido es nulo** cuando se violan derechos fundamentales, en el caso de despido de mujeres víctimas violencia de género, en despido de trabajadores durante los periodos de lactancia, maternidad y paternidad, en caso de suspensión de contrato por reducción de jornada o cuidado de familiares o hijos y en caso de despido colectivo con fraude de ley. En estos casos de despido nulo procede la readmisión obligatoria y el pago de los salarios de tramitación.

GLOSARIO

Los salarios de tramitación son las cantidades que el trabajador deja de percibir mientras se encuentra en un proceso judicial contra la decisión de extinguir su relación laboral y cuando el juez declara la improcedencia o nulidad de esa decisión.

8.4 El finiquito

El finiquito incluye todos los conceptos retributivos que se deben al trabajador a la finalización del contrato y que no han sido abonados. Son las siguientes:

1. Salarios del último mes trabajado. Se calcula como en la unidad de la nómina.

2. Pagas extraordinarias:

En la paga de verano se cuentan los días desde la última cobrada, desde el 1 de julio al 30 de junio del año siguiente.

En la paga de Navidad se cuentan los días desde la última cobrada, desde el 1 de enero al 31 de diciembre.

En caso de devengo anual: (Días desde la última cobrada × Valor de la paga) / 365 (o 366 en año bisiesto).

En caso de devengo semestral: (Días desde la última cobrada × Valor de la paga) / 181 o 182 en primer semestre, o 184 en segundo semestre.

Debemos tener en cuenta que se hará la retención del IRPF por parte de la empresa, correspondiente a estas cantidades.

3. Vacaciones: comprende las vacaciones devengadas y no disfrutadas. Se calcula teniendo en cuenta que si trabajas un año (365 días), te corresponden 30 días de vacaciones. Se saca la proporción de los días trabajados y se multiplica por el salario diario, que serán las percepciones salariales que se cobran de forma regular.

Debemos tener en cuenta la retención de IRPF por parte de la empresa y la cotización a la Seguridad Social.

4. Indemnizaciones: se calculan las que tenga derecho, atendiendo a lo explicado en puntos anteriores, y debemos tener en cuenta que la indemnización pactada o legal no tributa en el IRPF si no supera los 180 000 €.

5. Preaviso incumplido: si la empresa no lo ha abonado deberá efectuarlo. Será el salario diario por el número de días de preaviso incumplido. La empresa también practicará la retención del IRPF y la cotización a la Seguridad Social.

Figura 8.6 Supuestos e indemnizaciones.

SUPUESTO	INDEMNIZACIÓN
TRASLADO DESPIDO COLECTIVO DESPIDO POR FUERZA MAYOR DESPIDO POR CAUSAS OBJETIVAS PROCEDENTE	20 días de salario por año trabajado. Máximo de 12 mensualidades.
MODIFICACIÓN SUSTANCIAL DE LAS CONDICIONES DE TRABAJO	20 días de salario por año trabajado. Máximo de 9 mensualidades.
DESPIDO POR CAUSAS OBJETIVAS IMPROCEDENTE DESPIDO DISCIPLINARIO IMPROCEDENTE EXTINCIÓN CAUSAL POR INCUMPLIMIENTO GRAVE DEL EMPRESARIO	33 días de salario por año trabajado. Máximo de 24 mensualidades.

Reto profesional

Comente la siguiente sentencia de un Tribunal de lo social. Para ello, básese en lo aprendido y determine el tipo de despido, sus causas, la declaración del tribunal y sus consecuencias para el trabajador:

«En el caso que nos ocupa, la profesión del trabajador es la de **conductor-repartidor en una empresa que se dedica a la distribución de productos de alimentación**. Su trabajo, por un lado, implica tareas de conductor siguiendo las rutas asignadas, a la vez que realiza el reparto de la mercancía (carga y descarga). Las cajas de alimentación tienen pesos entre los 2 Kg y los 25 Kg. El trabajador padece **lumbociática izquierda, protrusión y hernia discal lumbar, asociando contusión en el hombro derecho, lesiones causadas en el ámbito laboral que originan el inicio de periodo de incapacidad temporal**. Tras finalizar la baja médica, **el trabajador es evaluado por el Servicio de Prevención de Riesgos Labores**. El facultativo emite un informe en el que se concluye que es apto, pero con limitaciones, haciendo constar en dicho informe la limitación para el uso del brazo derecho por encima del hombro y que no puede manejar pesos superiores a 10 Kg, tanto en solitario y/o sin apoyos mecánicos, así como la realización de flexo-extensiones y/o giros forzados mantenidos del tronco. En base a dicha valoración, **la empresa procede a extinguir la relación laboral con despido objetivo por ineptitud sobrevenida, abonando una indemnización de 20 días por año trabajado**. Al no estar de acuerdo, con el despido practicado, **entendiendo que se trata de un despido improcedente, se presenta la Papeleta de Conciliación. Como no se alcanza un acuerdo con la empresa, se plantea una demanda ante los Juzgados de lo Social**. La empresa es la que debe probar que ha puesto de su parte todos los medios a su alcance antes de adoptar la medida más drástica, la del despido. El Juzgado, de Instancia considera que la empresa no ha demostrado el intento de adaptación del puesto de trabajo, haciéndolo más acorde con limitaciones del trabajador, ni tampoco ha acreditado agotar las alternativas antes de proceder al despido. Así, **estima la demanda presentada declarando la improcedencia del despido, condenando a la empresa a la readmisión del trabajador o al abono de la indemnización por despido improcedente de 45/33 días por año**».

Figura 8.7
Conductor-repartidor.

Mapa conceptual

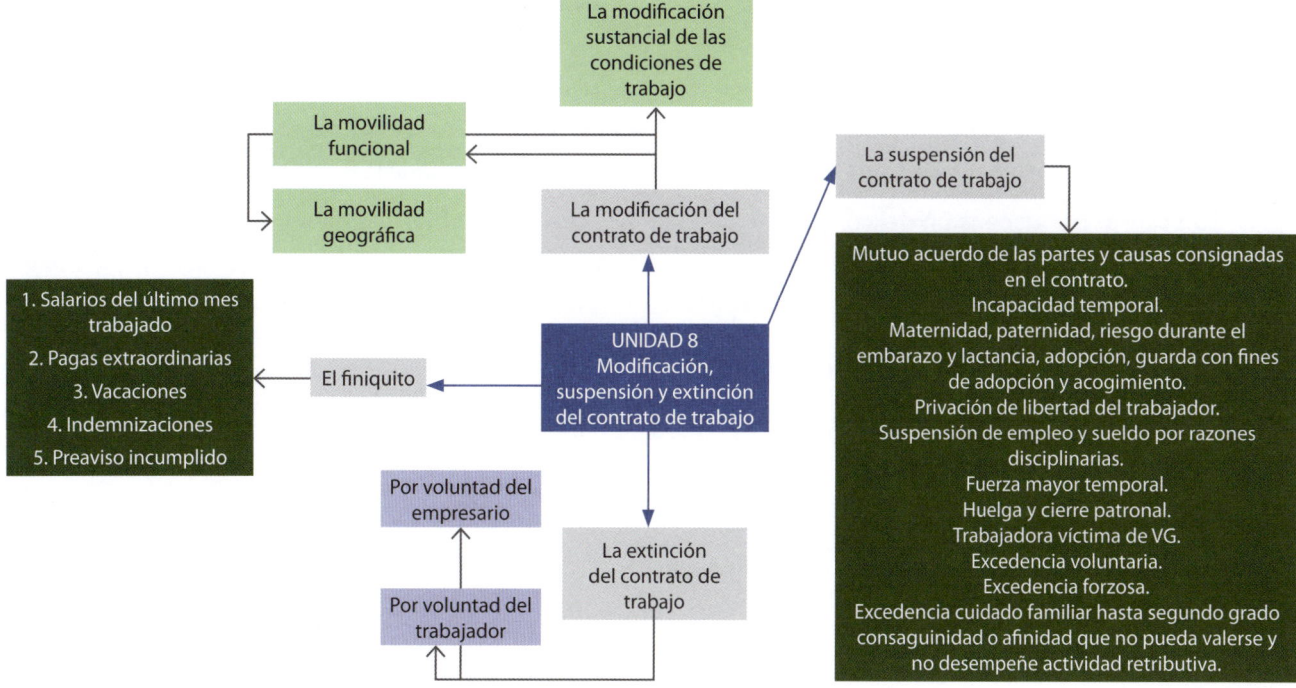

La modificación sustancial de las condiciones de trabajo

La movilidad funcional

La movilidad geográfica

La modificación del contrato de trabajo

La suspensión del contrato de trabajo

Mutuo acuerdo de las partes y causas consignadas en el contrato.
Incapacidad temporal.
Maternidad, paternidad, riesgo durante el embarazo y lactancia, adopción, guarda con fines de adopción y acogimiento.
Privación de libertad del trabajador.
Suspensión de empleo y sueldo por razones disciplinarias.
Fuerza mayor temporal.
Huelga y cierre patronal.
Trabajadora víctima de VG.
Excedencia voluntaria.
Excedencia forzosa.
Excedencia cuidado familiar hasta segundo grado consaguinidad o afinidad que no pueda valerse y no desempeñe actividad retributiva.

1. Salarios del último mes trabajado
2. Pagas extraordinarias
3. Vacaciones
4. Indemnizaciones
5. Preaviso incumplido

El finiquito

UNIDAD 8
Modificación, suspensión y extinción del contrato de trabajo

Por voluntad del empresario

Por voluntad del trabajador

La extinción del contrato de trabajo

RESUMEN

- Las modificaciones del contrato de trabajo más significativas son: la movilidad funcional, la movilidad geográfica y las modificaciones sustanciales del contrato.

- La movilidad funcional afecta a las funciones desarrolladas por el trabajador, que, de forma unilateral, son modificadas por el empresario, siempre respetando las titulaciones académicas o profesionales y la dignidad del trabajador. Puede ser dentro o fuera del grupo profesional.

- La movilidad geográfica es el traslado definitivo o un desplazamiento temporal del centro de trabajo, implicando un cambio de residencia. El traslado puede afectar a un trabajador o puede ser colectivo.

- Las modificaciones sustanciales del contrato de trabajo tienen que ser por razones técnicas, organizativas, económicas o de producción, y pueden ser individuales o colectivas.

- La suspensión del contrato es la interrupción temporal del contrato de trabajo, sin que este se extinga, y sus causas vienen recogidas en el Estatuto de los Trabajadores.

- La extinción del contrato es la finalización de la relación laboral, que puede ser por voluntad del trabajador y del empresario, conjuntamente, o por voluntad del trabajador en caso de dimisión, abandono o incumplimiento grave del empresario, o por voluntad del empresario en caso de despido por causas objetivas, disciplinario o por causa de fuerza mayor.

- El finiquito incluye todos los conceptos retributivos que se deben al trabajador a la finalización de su contrato.

TEST DE EVALUACIÓN

1. La movilidad funcional afecta:
a) Al cambio de centro de trabajo.
b) Al cambio de grupo profesional.
c) Al cambio de la jornada de trabajo.
d) Al cambio del horario de trabajo.

2. Son causas de suspensión del contrato:
a) Las consignadas en el contrato.
b) La excedencia voluntaria.
c) La excedencia forzosa.
d) Todas son correctas.

3. La movilidad geográfica afecta:
a) Al horario de trabajo.
b) Al cambio de turno de trabajo.
c) Al cambio de centro de trabajo y de residencia.
d) Ninguna es correcta.

4. Un despido colectivo:
a) Requiere de un periodo de consultas.
b) Requiere la tramitación de un ERE.
c) Tiene derecho a indemnización.
d) Todas las anteriores.

5. Un despido por causas objetivas:
a) Se comunica verbalmente.
b) Si es procedente, no tiene indemnización.
c) Tiene preaviso de 15 días.
d) Todas las anteriores.

6. El despido disciplinario:
a) En caso improcedente tiene indemnización.
b) En caso procedente tiene indemnización.
c) No se formaliza por escrito.
d) No es necesaria la fecha en la que surte efecto.

7. Son causas objetivas en un despido:
a) La embriaguez habitual.
b) La desobediencia.
c) La disminución del rendimiento.
d) Ninguna de las anteriores.

8. Son causas disciplinarias en un despido:
a) La falta de asistencia injustificada al trabajo.
b) La ineptitud del trabajador.
c) La amortización del puesto de trabajo.
d) La falta de adaptación del trabajador a las modificaciones técnicas.

9. El plazo de caducidad para reclamar un despido será:
a) 15 días hábiles.
b) 15 días naturales.
c) 20 días hábiles.
d) 20 días naturales.

10. La liquidación o finiquito de un trabajador incluye:
a) El salario mensual debido.
b) Pagas extras y vacaciones debidas.
c) Las indemnizaciones.
d) Todas las anteriores.

ACTIVIDADES

ACTIVIDAD 1

Un trabajador es despedido por haber disminuido su rendimiento en el trabajo. Al no estar conforme, presenta demanda en el juzgado de lo social y se dicta sentencia, estableciendo que el despido es improcedente. Calcule la indemnización a la que tiene derecho si cobra de salario base de 1325 euros al mes y un plus de 50 euros al mes. Tiene derecho a dos pagas extra de salario base al año y lleva 5 años en la empresa.

ACTIVIDAD 2

Un trabajador es despedido por causas objetivas. Presenta demanda en el juzgado y el despido se califica como procedente. Calcule la indemnización a la que tiene derecho si lleva 10 años en la empresa y cobra de salario base 1600 euros al mes y una antigüedad de 160 euros al mes. Tiene derecho a dos pagas de salario base al año.

ACTIVIDAD 3

Un trabajador finaliza su contrato de trabajo el 10 de abril del año en curso. Cobra de salario base 1745 euros al mes y dos pagas de salario base al año. Calcule su finiquito.

ACTIVIDAD 4

Un trabajador es despedido por la falta de adaptación a un nuevo equipo de trabajo tras recibir la formación oportuna. Determine qué tipo de despido es, cuál es el procedimiento oportuno por parte de la empresa y si el trabajador tiene derecho a alguna indemnización.

ACTIVIDAD 5

Un trabajador es despedido por agredir a un compañero en la empresa. Determine qué tipo de despido es, cuál es el procedimiento oportuno por parte de la empresa y si el trabajador tiene derecho a alguna indemnización.

U 9

Las prestaciones de la Seguridad Social

En esta unidad va a estudiar:

- El sistema de la Seguridad Social
- Las principales obligaciones de empresarios y trabajadores en materia de Seguridad Social
- Las prestaciones de la Seguridad Social

Con su estudio, va a ser capaz de:

- Valorar el papel de la Seguridad Social como pilar esencial para la calidad de vida de los ciudadanos.
- Determinar la acción protectora de la Seguridad Social ante las distintas contingencias.

9.1 El sistema de la Seguridad Social

Según la Constitución española, «los poderes públicos mantendrán un régimen público de seguridad social para todos los ciudadanos, que garantice la asistencia y prestaciones sociales suficientes ante situaciones de necesidad».

Por lo tanto, el sistema de la Seguridad Social es un conjunto de regímenes por los que el Estado garantiza a las personas que realizan una actividad profesional o cumplen los requisitos exigidos en la modalidad no contributiva, así como a los familiares o asimilados que tuvieran a su cargo, la protección adecuada en las contingencias y situaciones definidas por la ley.

Podemos distinguir dos modalidades de contribución:

- **Modalidad contributiva:** están incluidos dentro del campo de aplicación del sistema de la Seguridad Social, cualquiera que sea su sexo, estado civil o profesión, todos los españoles que residan en España y los extranjeros que residan o se encuentren legalmente en España, siempre que, en ambos supuestos, ejerzan su actividad en territorio nacional. Estarían en régimen general todos los trabajadores por cuenta ajena y en régimen especial, los trabajadores autónomos, los trabajadores del mar y los trabajadores de la minería del carbón.

- **Modalidad no contributiva:** se concede a las personas que no han cotizado nunca o que no reúnen el periodo de carencia, siempre que carezcan de recursos económicos (que se encuentren en estado de necesidad).

El sistema de Seguridad Social está compuesto por el Régimen General y los Regímenes Especiales. Dentro del Régimen General de la Seguridad Social se hallan los trabajadores por cuenta ajena, que desempeñan funciones, contratados por empresas de la industria y los servicios, y también están incluidos como sistemas especiales colectivos, con particularidades en materia de afiliación y cotización, los representantes de comercio, los artistas y los profesionales taurinos.

Dentro del Régimen Especial estarían los trabajadores autónomos, los de la minería del carbón y los trabajadores del mar.

PARA SABER MÁS

Visite la página de la Seguridad Social:

www.seg-social.es

9.1.1 Obligaciones con la Seguridad Social

La empresa está obligada a:

- Inscripción o afiliación en la Seguridad Social de los trabajadores. Para ello, deberá solicitar a la Tesorería General de la Seguridad Social, a través de sus Direcciones Provinciales o de las correspondientes Administraciones, su inscripción en la Seguridad Social. Si dispone de certificado digital puede presentar su solicitud a través de los trámites disponibles por registro electrónico de solicitudes de la Sede Electrónica, o bien tramitarla directamente a través de los servicios disponibles para Empresas

- Comunicar, dentro de los plazos establecidos al efecto, las altas, las bajas y las variaciones de datos de los trabajadores que vayan a iniciar una actividad laboral a su servicio o que cesen en la misma. La baja se debe comunicar dentro de los tres días naturales siguientes a la finalización del trabajo.

- Debe efectuar el ingreso, mensualmente, de las cotizaciones a la Seguridad Social, tanto del trabajador como las suyas.

GLOSARIO

Se considera afiliada a la Seguridad Social a la persona que está dada de alta en la Seguridad Social, ya sea por cuenta ajena o por cuenta propia.

EJERCICIO 1

Una empresa contrata a María, que acaba de finalizar su ciclo de grado superior de Educación Infantil, como educadora en una escuela infantil, con un contrato para la obtención de la práctica profesional. Es su primer empleo, ya que María no ha trabajado nunca.

Señale qué obligaciones tendrá la empresa con la Seguridad Social ante esta trabajadora.

PARA SABER MÁS

Para comprobar la situación de alta de un trabajador, visite la página de la Seguridad Social: www.sede.seg-social.gob.es. En ella puede encontrar el informe de situación actual del trabajador y descargarlo:

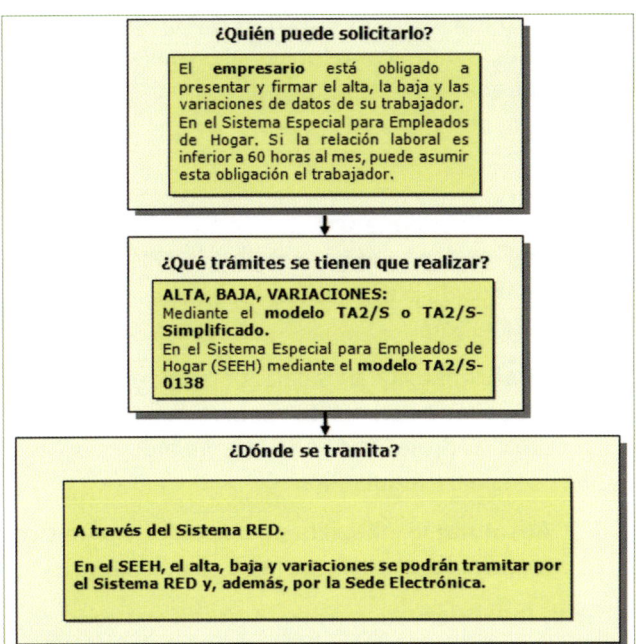

Figura 9.1 Procedimiento de altas, bajas y variación de datos del Régimen General de la Seguridad Social (fuente: página web de la Seguridad Social).

Figura 9.2 Organismos de Gestión de la Seguridad Social.

ENTIDAD	FUNCIÓN
INSTITUTO NACIONAL SEGURIDAD SOCIAL (INSS)	Gestión y administración de las prestaciones económicas.
INSTITUTO SOCIAL DE LA MARINA	Gestión de las prestaciones del sector marítimo y pesquero.
INSTITUTO DE MIGRACIÓN Y SERVICIOS SOCIALES	Gestión de las pensiones de invalidez y jubilación en sus modalidades no contributivas y los servicios complementarios para personas mayores y personas con discapacidad. También, la asistencia a las migraciones interiores, la promoción e integración social de los migrantes, la asistencia a los solicitantes de asilo y la promoción e integración social de los refugiados y desplazados.
MUTUAS COLABORADORAS	Son asociaciones de empresarios sin ánimo de lucro que colaboran con el sistema de Seguridad Social en la gestión de importantes prestaciones del sistema de Seguridad Social.
TESORERÍA GENERAL DE LA SEGURIDAD SOCIAL	Gestiona los recursos económicos y tramita afiliaciones, altas y bajas de los trabajadores.

9.2 Prestaciones de la Seguridad Social

El sistema protege a las personas incluidas en su campo de aplicación en las contingencias o situaciones generadas por la actualización de riesgos sociales (enfermedad, accidente, pérdida de empleo, vejez…) mediante la concesión de las prestaciones correspondientes, que, en su mayoría, son económicas.

La acción protectora de la Seguridad Social garantiza a los trabajadores en su campo de aplicación, y a los familiares o asimilados que estén a su cargo, una serie de prestaciones económicas, o en especie, que desarrollaremos.

9.2.1 La asistencia sanitaria

Su objeto es la prestación de los servicios médicos y farmacéuticos necesarios para conservar o restablecer la salud de sus beneficiarios, así como su aptitud para el trabajo. Proporciona, también, los servicios convenientes para completar las prestaciones médicas y farmacéuticas, atendiendo, de forma especial, a la rehabilitación física precisa para lograr una completa recuperación profesional del trabajador. Serán beneficiarios tanto el trabajador como el cónyuge, hijos y ascendientes siempre que convivan con él y estén a su cargo, y también los pensionistas y desempleados.

9.2.2 La incapacidad temporal

La prestación económica por incapacidad temporal trata de cubrir la falta de ingresos que se produce cuando el trabajador, debido a una enfermedad o un accidente, está imposibilitado temporalmente para trabajar y precisa asistencia sanitaria de la Seguridad Social.

Figura 9.3 Requisitos, duración, base reguladora y cuantía de la prestación por incapacidad temporal.

REQUISITOS	Afiliación y alta Periodo de cotización: 180 días dentro de los cinco años anteriores en el caso de enfermedad común y accidente no laboral. No periodo de cotización en el caso de enfermedad profesional y accidente de trabajo, en el caso de interrupción del embarazo o en el caso de menstruación incapacitante secundaria.

Figura 9.3 (Continuación).

DURACIÓN	**Enfermedad o accidente**: 365 días, prorrogables por otros 180, si durante este transcurso se prevé curación. **Periodos de observación de la enfermedad profesional**: 180 días, prorrogables por otros 180. **En el supuesto de la semana trigésimonovena de gestación**, será hasta la fecha del parto.
BASE REGULADORA	**Enfermedad común y accidente no laboral:** BR = BCC mes anterior / días liquidados **Enfermedad profesional o accidente laboral:** BR = (BCCP mes anterior – horas extra / días liquidados) + (horas extra año anterior / 365)
CUANTÍA	**Enfermedad común y accidente no laboral:** 60 % de la base reguladora desde el 4.º día de la baja hasta el 20.º inclusive, y el 75 % desde el día 21 en adelante. **Enfermedad profesional o accidente de trabajo:** 75 % de la base reguladora desde el día siguiente al de la baja en el trabajo. **Menstruación incapacitante secundaria:** del primer día al vigésimo: 60 % de la base reguladora y a partir del vigésimo primero, 75 %. **Interrupción del embarazo y semana trigésimonovena de gestación:** primer día: salario. Del segundo al vigésimo día: 60 % de la base reguladora. A partir del vigesimoprimer día,75 %.

9.2.3 La incapacidad permanente

Se trata de una situación que da derecho a una prestación económica por no poder trabajar en un trabajo determinado, o en cualquier trabajo, a causa de una en-

fermedad o lesión. En este caso, el trabajador presenta reducciones anatómicas o funcionales graves que le suponen una anulación de su capacidad laboral con carácter permanente.

Grados:

- **I. P. Parcial:** supone una disminución no inferior al 33 % del rendimiento normal para la profesión habitual. Cuantía de la prestación: 24 mensualidades de la base reguladora.

- **I. P. Total:** inhabilita al trabajador para desarrollar las tareas básicas de su profesión, pero le permite dedicarse a otras profesiones distintas. La prestación es el 55 % de la base reguladora.

- **I. P. Absoluta:** le inhabilita para cualquier profesión. La prestación es el 100 % de la base reguladora.

- **Gran invalidez:** además de estar incapacitado para el trabajo, requiere de otra invalidez personal para realizar los actos más esenciales de la vida, como comer, vestirse, desplazarse… La prestación es el 100% de la base reguladora, pero incrementado con un complemento.

9.2.4 Nacimiento y cuidado de menor

Con fecha 07/03/2019 se publicó el Real decreto-ley 6/2019, de 1 de marzo, de medidas urgentes para la garantía de la igualdad de trato y de oportunidades entre mujeres y hombres en el empleo y la ocupación. Este Real decreto-ley recoge modificaciones en el Estatuto de los Trabajadores (ET) y en el Estatuto Básico del Empleado Público (EBEP), así como en la Ley General de la Seguridad Social, para la equiparación de los **derechos de las personas trabajadoras.**

Desde el 01/04/2019, las prestaciones por maternidad y paternidad se unifican en una única **prestación denominada NACIMIENTO Y CUIDADO DE MENOR.**

Figura 9.4 Requisitos, duración y cuantía de la prestación.

	Afiliado y alta
REQUISITOS	**Periodo de cotización en función de la edad:** Menor de 21 años: no requiere. Entre 21 y 26 años: 90 días cotizados en los 7 años anteriores a la contingencia o 180 días cotizados a lo largo de su vida laboral. Mayor de 26 años: 180 días cotizados en los 7 años anteriores a la contingencia o 360 días en toda su vida laboral.
DURACIÓN	16 semanas, ampliables en una más por cada hijo, a partir del segundo o por discapacidad.
BASE REGULADORA	Base de cotización por contingencias comunes del mes anterior al del hecho causante, dividida entre los días a los que se refiere dicha cotización.
CUANTÍA	100 % de la base reguladora.

EJERCICIO 4

Una trabajadora ha sido madre con 28 años y lleva dos años trabajando en la empresa. Determine si tiene derecho a la prestación por nacimiento y cuidado del menor, la cuantía y la duración de esta.

9.2.5 Jubilación

Se trata de cubrir la pérdida de ingresos de una persona cuando alcanza la edad establecida legalmente para dejar de trabajar por cuenta propia y por cuenta ajena, acabando con su vida laboral o reduciendo su jornada de trabajo y su salario.

A partir del 1 de enero de2013, la edad de acceso a la pensión de jubilación depende de la edad del interesado y de las cotizaciones acumuladas a lo largo de su vida laboral, requiriendo haber cumplido la edad de:

- 67 años y 37 años de cotización.

- 65 años cuando se acrediten 38 años y 6 meses de cotización.

Por regla general, el tiempo mínimo que es necesario cotizar para poder acceder a una pensión de jubilación es de 15 años (5475 días), de los cuales, al menos, dos deberán estar comprendidos dentro de los 15 años inmediatamente anteriores al momento de causar el derecho.

En cuanto a la cuantía de la prestación, con 15 años, el mínimo exigido, se tiene derecho a un 50 % de la base reguladora. Por cada uno de los siguientes 49 meses, se consigue un 0,21 % extra de base reguladora. Por cada uno de los siguientes 209 meses, se consigue un 0,19 % extra de base reguladora.

Base reguladora: a partir del año 2022, la base reguladora de la pensión de jubilación contributiva es el cociente que resulte de dividir por 350 las bases de cotización del interesado durante los 300 meses inmediatamente anteriores al mes previo al del hecho causante.

Podemos hablar de una **jubilación anticipada voluntaria** a partir de los 63 años, pero con 38 años cotizados, al menos, dos de los cuales deben estar comprendidos en los 15 anteriores al causar el derecho. En casos de **jubilación anticipada por cese no voluntario (posible desde los 61), los años cotizados requeridos son 38.**

PARA SABER MÁS

Visite la página web de la Seguridad Social:

www.seg-social.es

9.2.6 Desempleo

Es una prestación económica que se otorga a aquellos trabajadores que, pudiendo y queriendo trabajar, pierden su empleo o ven reducida su jornada laboral temporalmente por decisión empresarial.

En cuanto a los **requisitos** para solicitarlo, se requiere:

- Estar afiliado a la Seguridad Social y en situación de alta o asimilada a la de alta.

- Encontrarse en situación legal de desempleo.

- Acreditar disponibilidad para buscar activamente empleo y para aceptar colocación adecuada a través de la suscripción del compromiso de actividad.

- Tener cotizado un periodo mínimo de 360 días en los seis años anteriores a la situación legal de desempleo o cuando cesó la obligación de cotizar.

- No haber cumplido la edad ordinaria para causar derecho a la pensión de jubilación.

En cuanto a la **cuantía de la prestación** será 70 % de la Base Reguladora durante los 180 primeros días y el 60 % de la Base Reguladora durante el resto de la prestación.

La **base reguladora** será la suma de las bases de cotización por desempleo de los últimos 180 días, menos las retribuciones por horas extraordinarias, dividida por 180.

La **duración** de la prestación es de cuatro meses de prestación por año cotizado, siendo dos años el tiempo máximo durante el que se puede recibir esta prestación, lo que equivale a seis años cotizados.

Nacimiento del derecho:

- Desde el día siguiente al de la situación legal de desempleo, con un plazo de solicitud de 15 días.

- Si se solicita fuera de plazo, el derecho nace a partir de la solicitud. Se perderán tantos días de prestación como medien entre la fecha en que se debería haber solicitado y la fecha real de solicitud.

- Si no se hubiesen disfrutado las vacaciones anuales retribuidas, deberá solicitarse en los 15 días siguientes a la finalización de estas.

- Si existe un periodo que corresponda a salarios de tramitación, el nacimiento del derecho comenzará al finalizar este periodo.

En los dos últimos casos, los periodos citados deberán constar en el Certificado de Empresa.

9.2.7 Prestaciones por muerte o supervivencia

Las prestaciones por muerte y supervivencia están destinadas a compensar la situación de necesidad económica que produce, para determinadas personas, el fallecimiento de otras.

La pensión de viudedad es de carácter vitalicio en favor del cónyuge o pareja de hecho. Es compatible con otras rentas del trabajo.

La pensión por orfandad, con carácter general, es para los hijos de la persona fallecida menores de 21 años, aunque puede ampliarse hasta los 25 años si el huérfano no trabaja o percibe ingresos inferiores al salario mínimo interprofesional.

EJERCICIO 6

José, de 23 años, es estudiante y no trabaja. Su padre ha fallecido este mismo año. Determine si puede solicitar la pensión de orfandad y cuánto tiempo puede disfrutarla.

EJERCICIO 5

María ha visto reducida a la mitad su jornada laboral de forma temporal, por motivos económicos de la empresa y de forma unilateral por parte del empresario. ¿Puede solicitar la prestación por desempleo?

Figura 9.5
Personas en busca de empleo.

Para estar actualizado sobre las prestaciones de la seguridad Social consulte el siguiente enlace:

https://www.seg-social.es/wps/portal/wss/internet/Pensionistas/Pensiones/33467

En relación a la modificación en la revalorización de las pensiones consulte este enlace:

https://www.boe.es/diario_boe/txt.php?id=BOE-A-2025-999

Para estar actualizado en relación a la prestación por desempleo consulte la página del SEPE en el siguiente enlace:

https://www.sepe.es/HomeSepe/es/prestaciones-desempleo.html

Reto profesional

Haga un comentario de texto de la siguiente sentencia, basándose en los grados de la incapacidad permanente y las consecuencias para el trabajador de su determinación:

«Sentencia del Juzgado de lo Social de Madrid que otorga una prestación por incapacidad permanente absoluta a una trabajadora de la hostelería, después de un proceso de revisión llevado a cabo por agravamiento del cuadro clínico, calificado inicialmente con una incapacidad permanente total».

A la vista de la prueba aportada, **el juzgador determina la existencia de un empeoramiento en el cuadro clínico de la paciente, reconociendo a nuestra clienta la incapacidad permanente absoluta**, advirtiendo expresamente que el hecho de que la trabajadora hubiese optado en su momento por percibir la pensión de orfandad y no la de incapacidad permanente total, no cierra la posibilidad de ver que dicho empeoramiento existe y **de que se pueda pedir la revisión de la incapacidad permanente reconocida**».

Mapa conceptual

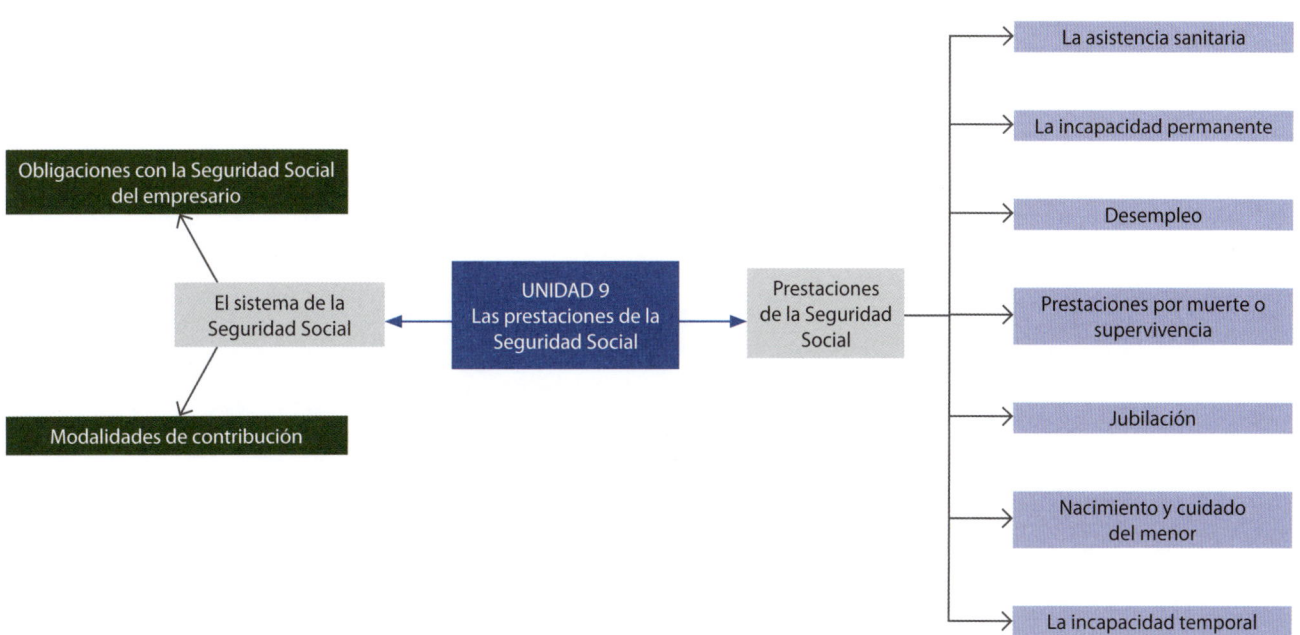

■ La Seguridad Social es un conjunto de regímenes por los que el Estado garantiza a las personas que realizan una actividad profesional o cumplen los requisitos exigidos en la modalidad no contributiva, así como a los familiares o asimilados que tuvieran a su cargo, la protección adecuada en las contingencias y situaciones definidas por la ley. Podemos hablar de dos modalidades: una contributiva y otra no contributiva. Y de dos regímenes de cotización: el régimen general y el especial.

■ Las empresas tienen como obligación con la Seguridad Social la de inscripción, alta, variación de datos y baja de los trabajadores en la Seguridad Social, además de cotizar mensualmente en la misma, tanto por parte del trabajador como del empresario.

■ Una de las prestaciones de la Seguridad Social es la asistencia sanitaria. Su objeto es la prestación de los servicios médicos y farmacéuticos necesarios para conservar o restablecer la salud de sus beneficiarios, así como su aptitud para el trabajo.

■ La incapacidad temporal es una prestación económica de la Seguridad Social que cubre la falta de ingresos que se produce cuando el trabajador, debido a una enfermedad o accidente, está imposibilitado temporalmente para trabajar y precisa asistencia sanitaria.

■ La incapacidad permanente es una prestación económica que se produce cuando la persona trabajadora presenta reducciones anatómicas o funcionales graves que le suponen la anulación de su capacidad laboral con carácter permanente, provocadas por una enfermedad o lesión. Sus grados, dependiendo de su reducción o anulación, serán la incapacidad permanente parcial, la incapacidad permanente total, la incapacidad permanente absoluta y la gran invalidez.

■ La prestación por nacimiento o cuidado de menor es la unificación de la prestación de maternidad y la de paternidad, a partir del 1 de abril de 2019. Esta prestación da derecho tanto al padre como a la madre en situación de alta y afiliado, y con un periodo previo de cotización atendiendo a la edad, a una prestación del 100 % de la base reguladora y por una duración de 16 semanas, ampliables a una más en caso de parto múltiple.

■ La jubilación es una prestación que cubre la pérdida de ingresos de una persona cuando alcanza la edad establecida legalmente para dejar de trabajar por cuenta propia y por cuenta ajena, acabando con su vida laboral o reduciendo su jornada de trabajo y su salario.

■ El desempleo es una prestación económica que se otorga a aquellos trabajadores que, pudiendo y queriendo trabajar, pierden su empleo o ven reducida su jornada laboral temporalmente por decisión empresarial.

■ Las prestaciones por muerte y supervivencia son para compensar la necesidad económica que produce, para determinadas personas, la muerte de otras.

TEST DE EVALUACIÓN

1. **¿Qué trabajadores están en el régimen general de la Seguridad Social?**
   a) Trabajador por cuenta propia.
   b) Trabajador por cuenta ajena.
   c) Trabajador del mar.
   d) Todas son correctas.

2. **La obligación de dar de alta en la Seguridad Social a un trabajador la debe realizar:**
   a) El trabajador.
   b) La Seguridad Social.
   c) El empresario.
   d) Ninguna es correcta.

3. **Una prestación no contributiva está dirigida:**
   a) A un trabajador por cuenta propia.
   b) A un trabajador por cuenta ajena.
   c) Una persona en estado de necesidad.
   d) Todas son correctas.

4. **Los grados de incapacidad permanente son:**
   a) Incapacidad permanente total y absoluta.
   b) Incapacidad permanente total y parcial.
   c) Incapacidad permanente parcial y absoluta.
   d) Ninguna es correcta.

5. **La prestación por nacimiento y cuidado de hijo es:**
   a) Una prestación solo para la madre trabajadora.
   b) Una prestación solo para el padre trabajador.
   c) Solo para uno de los progenitores.
   d) Ninguna es correcta.

6. **El tiempo mínimo de cotización para tener derecho a la jubilación son:**
   a) 15 años.
   b) 30 años.
   c) 25 años.
   d) Ninguna es correcta.

7. **Para tener derecho a la prestación por incapacidad temporal, el periodo mínimo de cotización en caso de accidente de trabajo o enfermedad profesional es:**
   a) 130 días dentro de los tres años anteriores.
   b) 180 días dentro de los cinco años anteriores.
   c) No hace falta estar dado de alta en la Seguridad Social.
   d) Ninguna es correcta.

8. **Para tener derecho a la prestación por desempleo, el periodo mínimo de cotización es:**
   a) 180 días en los cinco años anteriores a la situación legal de desempleo o cuando cesó la obligación de cotizar.
   b) 360 días en los cinco años anteriores a la situación legal de desempleo o cuando cesó la obligación de cotizar.
   c) 360 días en los seis años anteriores a la situación legal de desempleo o cuando cesó la obligación de cotizar.
   d) Ninguna es correcta.

9. **¿Ante qué organismo se debe dirigir un trabajador para tramitar una prestación por incapacidad temporal?**
   a) A la Tesorería General de la Seguridad Social.
   b) Al Instituto Nacional de la Seguridad Social.
   c) Al Servicio Público de Empleo.
   d) Todas las anteriores.

10. **La prestación por muerte y supervivencia:**
    a) Está destinada a compensar la situación de necesidad económica que produce, para determinadas personas, el fallecimiento de otras.
    b) Solo la puede disfrutar la persona trabajadora al fallecimiento del familiar.
    c) No es compatible con otras rentas del trabajo.
    d) Todas las anteriores.

ACTIVIDAD 1

En una empresa dedicada a la reparación y mantenimiento de vehículos trabajan las siguientes personas:

- Miguel, que es el propietario de la empresa y que la fundó hace 20 años, y cobra una prestación de muerte y supervivencia por el fallecimiento de su esposa.

- Rubén, que trabaja en la empresa como técnico superior en automoción desde hace dos años y el próximo mes finaliza su contrato de trabajo.

- Sara, auxiliar administrativa, que trabaja desde hace tres años, tiene 29 años y está de baja por nacimiento y cuidado de un hijo.

- Pedro, que es técnico en electromecánica de vehículos, trabaja desde hace seis meses y está de baja por un accidente de trabajo.

- Julián, que trabaja en la empresa desde hace diez años y está de baja por enfermedad común.

Determine en qué régimen de la Seguridad Social se encuentran los trabajadores, qué prestaciones han solicitado, si cumplen los requisitos para el derecho a la prestación y qué duración tienen las mismas.

U 10

El sector productivo, los puestos de trabajo y las oportunidades de empleo

En esta unidad va a estudiar:

- Las características del sector productivo y los puestos de trabajo
- Las oportunidades de empleo e inserción laboral en el sector profesional
- Las exigencias para el trabajo en la función pública
- El proceso de autoorientación y el autoconocimiento y el proyecto profesional
- Métodos de búsqueda de empleo

Con su estudio, va a ser capaz de:

- Distinguir las características del sector productivo y los puestos de trabajo.
- Analizar las oportunidades de empleo e inserción laboral.
- Analizar los diferentes métodos de búsqueda de empleo.
- Comparar los requerimientos exigidos en el mercado laboral y las exigencias para el trabajo en la función pública.
- Elaborar su proyecto profesional.
- Elaborar su curriculum vitae y una carta de presentación, y conseguir estrategias para la entrevista de trabajo.

10.1 El sector productivo y los puestos de trabajo

Los sectores de la actividad económica establecen una clasificación de la economía en función del tipo de proceso productivo que la caracteriza. Así, en la economía española el mayor peso lo tiene el sector servicios. Debemos resaltar que los sectores económicos clásicos son: el primario, que son todas las actividades económicas para la obtención de materias primas; el secundario, que transforma la materia prima; y el terciario, que es el sector servicios. Junto a estos, podemos hablar de un sector cuaternario, que serían las actividades económicas basadas en labores intelectuales o en ideas científicas, y que nace de la investigación, el desarrollo y la innovación, gracias a avances como Internet, el *big data* y el *quantified self*.

GLOSARIO

BIG DATA: conjunto de datos grandes y complejos que son difíciles de procesar y que precisan de aplicaciones informáticas para tratarlos adecuadamente.

QUANTIFIED SELF: el autoconocimiento basado en el autoseguimiento, es decir, el conocimiento que nos orienta en cómo mejorar nuestro propio bienestar, de manera que esta información pueda servir a otras personas en la búsqueda de correlaciones.

Por lo tanto, dentro de los **puestos de trabajo** más demandados encontramos los perfiles tecnológicos, que siguen teniendo una alta demanda. Además, se siguen solicitando perfiles sanitarios y también en la hostelería, el comercio, la logística y el transporte. Debemos destacar que muchos de los puestos de trabajo más demandados lo son a raíz de las exigencias que trajo la pandemia, como la necesidad de distanciarse, los nuevos hábitos de trabajo y la reestructuración de los espacios y del mobiliario, así como el auge del *home office* o teletrabajo.

PARA SABER MÁS

Consulte la Ley 10/2021, de 9 de julio, de trabajo a distancia.

10.1.1 Las oportunidades de empleo e inserción laboral

Al hablar de las oportunidades de empleo nos referimos a aquellas situaciones y posibilidades que pueden abrir nuevas puertas en una carrera profesional, ya que pueden incluir ofertas de empleo. Mientras que al hablar de inserción laboral estamos centrándonos en las acciones llevadas a cabo para integrar, acompañar e incorporar al mercado laboral a aquellos colectivos que tienen dificultades para el acceso a un empleo que se ajuste a sus conocimientos, habilidades e intereses profesionales. Todas estas acciones se caracterizan por:

- La búsqueda activa de empleo, mediante el uso de herramientas y estrategias adecuadas para encontrar oportunidades de trabajo.

- La capacitación y formación, que permite a una persona adquirir habilidades para adaptarse al trabajo.

- Aceptar nuevos desafíos, aprendiendo y creciendo personal y profesionalmente.

- El esfuerzo para superar dificultades.

- La adaptación al medio y a las condiciones laborales de cada empleo.

10.1.2 Requerimientos del mercado laboral

En el mercado laboral, al revisar ofertas de empleo, vemos que existen unos requerimientos, que consisten en la titulación, en la mayoría de los casos, aunque también se requiere una formación específica para ese trabajo, es decir, se requiere experiencia. Por ello, es importante destacar que las titulaciones son polivalentes y permiten el acceso a una variedad de funciones. Los requisitos que se piden en las ofertas de empleo son los siguientes:

- Idiomas: se requiere el dominio de una lengua extranjera (el idioma más valorado es el inglés, seguido del francés y el alemán), sobre todo, en puestos de responsabilidad. Esto se debe a la internacionalización de los mercados. También hay que destacar que en España existen lenguas cooficiales y que en el ámbito de la Comunidad Autónoma estas lenguas pueden ser exigibles para determinados puestos de trabajo.

- Estudios de postgrado: para puestos de director o gerente.

- Nivel informático: dado que la información se mueve por sistemas computerizados e interconectados, se requiere un mínimo de conocimientos informáticos.

- Edad: dependerá de la categoría profesional, aunque en puestos equivalentes de distintas áreas funcionales se requiere una edad diferente.

- Inteligencia emocional: que es lo más valorado hoy en día, puesto que determina cómo nos manejamos con nosotros mismos y con los demás. Por ello, lo que busca la empresa es esa cualidad diferenciadora entre las personas, no solo el conocimiento de la función a desarrollar, sino las habilidades interpersonales que tenga para poder trabajar con otras personas.

GLOSARIO

La **inteligencia emocional** es un conjunto de destrezas, actitudes, habilidades y competencias que determinan la conducta de un individuo a la hora de reconocer y comprender las emociones, tanto en sí mismo como en los demás.

Figura 10.1 Cuadro de habilidades interpersonales.

EMPATÍA	Mostrar sensibilidad hacia los sentimientos y las preocupaciones del otro.
EXPRESIÓN EMOCIONAL	Capacidad de exteriorizar los propios sentimientos y compartirlos con los demás.
RESOLUCIÓN DE CONFLICTOS	Capacidad para escuchar, analizar y conciliar puntos de vista encontrados, teniendo en cuenta las necesidades de los demás.
ASERTIVIDAD	Capacidad de afirmar sentimientos, opiniones y pensamientos de forma adecuada y sin desconsiderar los derechos de los demás.

EJEMPLO 1

Del anterior cuadro de habilidades interpersonales, determine cuáles serían determinantes para un puesto de coordinador del departamento de Recursos Humanos.

Solución:

Este puesto de trabajo requiere de capacidad de liderazgo, coordinación con otros subordinados y negociación. Por lo tanto, todas las habilidades interpersonales serán importantes: la empatía, la expresión emocional, la resolución de conflictos y asertividad.

10.1.3 Las exigencias en la función pública

En cuanto a las **exigencias para el trabajo en la función pública**, la Constitución Española establece que la selección en el empleo público se rige por los principios de mérito, capacidad, igualdad y publicidad. Por lo tanto, los ciudadanos tienen derecho al acceso a la función pública en condiciones de igualdad, de acuerdo con los principios de mérito y capacidad.

Para acceder a un puesto como empleado público, como funcionario de carrera, se deben cumplir los requisitos establecidos en la convocatoria previa, presentar en plazo la solicitud, pagar (salvo que se esté exento) la tasa correspondiente, superar las pruebas selectivas y tomar posesión de la plaza ofertada. En el caso del funcionario interino o del personal laboral temporal, la duración de los servicios está limitada en el tiempo y no se publica convocatoria previa, puesto que suelen utilizarse listas de reserva de candidatos de anteriores procesos selectivos.

También se puede acceder por cupo para personas con discapacidad, siempre que se superen los procesos selectivos y se acrediten la discapacidad y la compatibilidad con el desempeño de las tareas.

Cuando hablamos de acceso por promoción interna, nos referimos al ascenso del funcionario de carrera de un cuerpo o escala de un subgrupo de clasificación profesional a otro cuerpo o escala del subgrupo superior. Se presenta la instancia para participar en el proceso y se superan las pruebas selectivas, pero se ha de tener una antigüedad de, al menos, dos años de servicio.

PARA SABER MÁS

Las formas de acceso a la función pública por oposición y por concurso-oposición, y los requisitos los puedes encontrar en:

www.funcionpublica.digital.gob.es

En cuanto a información para las oposiciones, la puedes encontrar en páginas de buscadores de empleo público, como:

administracion.gob.es; oposiciones.es; opobusca.com

Figura 10.2 Clasificación por titulación del Cuerpo de funcionarios.

GRUPO A	SUBGRUPO A1: Licenciatura, Ingeniería, Arquitectura o equivalente.
	SUBGRUPO A2: Diplomatura, Ingeniería técnica, Arquitectura técnica o equivalente.
GRUPO B	Título de Formación Profesional de Grado Superior o Técnico Superior en FP.

Figura 10.2 (Continuación).

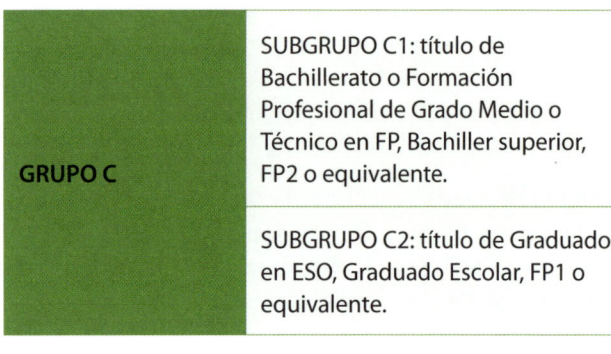

| GRUPO C | SUBGRUPO C1: título de Bachillerato o Formación Profesional de Grado Medio o Técnico en FP, Bachiller superior, FP2 o equivalente. |
| | SUBGRUPO C2: título de Graduado en ESO, Graduado Escolar, FP1 o equivalente. |

EJERCICIO 1

Un graduado en ESO ¿a qué grupo de funcionarios pertenecería después de aprobar una oposición? ¿Y un licenciado en Derecho?

10.1.4 Actitudes y aptitudes requeridas para la actividad profesional. Competencias personales y sociales con valor para el empleo

Al hablar de actividad profesional, nos referimos a la actividad que desarrolla una persona física de manera personal, directa y por cuenta propia. Significa que la persona utiliza sus habilidades y los conocimientos adquiridos a través de una formación titulada y legalmente reconocida para llevar a cabo su trabajo, y no necesita de una estructura empresarial para desempeñarlo.

Cuando hablamos de **aptitudes profesionales,** nos referimos a las habilidades blandas o *soft skills*, que son todas aquellas que tienen una vertiente más personal y menos técnica, y que hacen que el trabajador pueda realizar su trabajo de forma más eficiente. Comprenden la inteligencia emocional, la creatividad, la resolución de problemas complejos, la capacidad de liderazgo, las habilidades de comunicación y la resiliencia.

GLOSARIO

La **resiliencia** es la capacidad que una persona tiene para adaptarse rápidamente a situaciones llenas de ambigüedad y muy cambiantes, y a la adversidad.

Cuando hablamos de **competencias personales y sociales**, nos referimos al conjunto de conocimientos, destrezas y competencias entendidas en términos de responsabilidad y autonomía que permiten responder a los requerimientos del sector productivo y aumentar la empleabilidad. Entre ellas encontramos:

- Colaboración: para poder trabajar en equipo, de forma coordinada y consiguiendo objetivos comunes.

- Adaptabilidad: es decir, la flexibilidad de la persona trabajadora para afrontar los cambios o imprevistos de una forma eficaz y ágil.

- Aprendizaje: en relación con ampliar los conocimientos y actualizarse de forma continua en metodologías, procesos o técnicas para poder ser más competitivo.

- Comunicación: transmitiendo la información de forma fluida, clara y veraz, expresando sentimientos, hechos y opiniones, pero adaptándolos a los diferentes contextos y empatizando con los demás.

- Creatividad: relacionada con la innovación, con la capacidad de generar ideas y soluciones para nuevos productos o servicios, y con nuevas metodologías o modelos de negocio.

- Gestión de la información: que consiste en ser capaz de organizar los datos de los que se dispone, de forma útil y provechosa, tanto para el sujeto como para la empresa.

- Inteligencia social o emocional: que ya hemos visto anteriormente, para poder construir relaciones positivas.

- Lealtad: ya que las empresas buscan el compromiso con las mismas por encima de intereses personales.

- Motivación: relacionada con una actitud positiva en el trabajo.

- Responsabilidad para asumir el control de las actividades: respondiendo a los resultados tanto positivos como negativos y, sobre todo, admitiendo los errores.

10.2 El proceso de autoorientación

Cuando hablamos de autoorientación, nos referimos a la finalidad última de todo proceso de orientación, entendido como un proceso continuo, a lo largo de todo el proceso educativo y que ayuda al alumnado a tomar decisiones responsables sobre su futuro académico y profesional, preparándolo para autoorientarse.

Por lo tanto, el autoconocimiento será el entendimiento y la comprensión que adquiere una persona sobre sí misma, que requiere de inteligencia emocional, que lleva a la autoaceptación y al crecimiento personal, y que construye la identidad personal, la madurez y la responsabilidad emocional. Por tanto, es un proceso de reflexión con varias fases.

Figura 10.3 Fases del autoconocimiento.

| AUTOPERCEPCIÓN | Capacidad de percibirnos a nosotros mismos como individuos con un conjunto de cualidades y características diferenciadoras. |

Figura 10.3 (Continuación).

AUTOOBSERVACIÓN	Reconocimiento de nosotros mismos, nuestras conductas, actitudes y circunstancias.
MEMORIA AUTOBIOGRÁFICA	Construcción de nuestra propia vida que nos permite generar un autoconcepto de cómo hemos sido y de cómo podemos llegar a ser.
AUTOESTIMA	Percepción y valoración que cada uno siente hacia sí mismo.
AUTOACEPTACIÓN	Capacidad de aceptarse tal y como se es. Nos permite evitar la frustración, porque aceptamos nuestras limitaciones.

10.2.1 El proyecto profesional

La Formación Profesional da respuesta a la necesidad de personal especializado en los distintos sectores profesionales para responder a la actual demanda de empleo. Por ello, se debe llevar a cabo una planificación del futuro, ya sea académico o profesional.

Para ello, debemos establecer, en primer lugar, las metas u objetivos, para poder llevar a cabo el proceso de toma de decisiones. Podemos ayudarnos en esta primera fase del reconocimiento de las diferentes alternativas, identificando las fortalezas, debilidades, amenazas y oportunidades para la inserción profesional (DAFO).

Así, identificaremos, basándonos como mucho en dos alternativas, cómo seguir estudiando o trabajar:

- A nivel interno: las debilidades, que tienen carácter negativo y que serían las carencias, aquello que no se domina y se debe mejorar. Las fortalezas, que tienen carácter positivo y que sería lo que se domina o aquellos puntos que nos hacen únicos.

- A nivel externo: las amenazas, que tienen carácter negativo y que serían los obstáculos o barreras que pueden encontrarse. Las oportunidades, que tienen carácter positivo y que serán aquellos aspectos del entorno que nos pueden beneficiar.

EJERCICIO 2

Realice su propio DAFO en relación con su futuro profesional. Para ello, valora las debilidades, amenazas, fortalezas y oportunidades de seguir estudiando o de incorporarte al mercado laboral.

	A NIVEL INTERNO	A NIVEL EXTERNO
NEGATIVO	DEBILIDADES	AMENAZAS
POSITIVO	FORTALEZAS	OPORTUNIDADES

En segundo lugar, lo que haremos es establecer las alternativas que tenemos y, para ello, analizaremos las ventajas e inconvenientes. Es importante tener en cuenta los valores y prioridades para saber qué es lo que realmente se desea. También hay que tener en cuenta los recursos de los que disponemos y los beneficios esperados.

EJERCICIO 3

Basándose en el anterior DAFO, establezca, de cada alternativa, las ventajas y los inconvenientes:

ALTERNATIVA 1		ALTERNATIVA 2	
Ventajas	Inconvenientes	Ventajas	Inconvenientes

En tercer lugar, elegiremos la alternativa más idónea y la pondremos en práctica. Puede ser que surjan contratiempos que nos hagan dudar o abandonar, con lo que deberemos buscar una alternativa mejor.

Cuando tenemos definida nuestra alternativa, y si se trata de buscar empleo, entonces debemos llevar a cabo un **PROYECTO PROFESIONAL**, que será el documento en el que identificamos los objetivos profesionales y personales. Así, evaluamos la formación, experiencia, cualidades y capacidades para saber si se cumplen los requisitos que el mercado laboral está demandando.

EJERCICIO 4

Basándose en el anterior DAFO, establezca, de cada alternativa, las ventajas y los inconvenientes:

Requisitos	Los cumplo		Mejora
	SÍ	NO	
Titulación			
Idiomas			
Experiencia			
Requisitos personales (comunicación, trabajo en equipo...)			
Otros (movilidad, carnés específicos)			
Salario			
Jornada			

Figura 10.4 Modelo de proyecto profesional.

1. PERFIL PROFESIONAL	¿Qué soy? Tenemos que destacar nuestras fortalezas y no visibilizar nuestras debilidades. Determinar nuestros conocimientos y habilidades, así como las experiencias profesionales que hemos realizado y las competencias adquiridas, y también los valores de trabajo que poseemos.
2. ANALIZAR EL MERCADO DE TRABAJO	¿Qué hay? Debemos establecer los requisitos que solicitan las empresas para saber si nos ajustamos a ello o si necesitamos corregir algo. Buscaremos ofertas de trabajo y sacaremos las conclusiones.
3. OBJETIVO PROFESIONAL	¿Qué y cómo lo busco? Analizamos lo que queremos conseguir, viendo las carencias y cómo podemos corregirlas. Determinaremos las preferencias dependiendo de las condiciones laborales que estamos dispuestos a aceptar. Determinaremos los pasos para conseguir el objetivo final y nos fijaremos otras alternativas por si no podemos conseguirlo.

10.2.2 El proceso de búsqueda de empleo

Podemos hablar de una búsqueda activa de empleo cuando se requiere de tiempo y esfuerzo para buscar las oportunidades de empleo, mientras que una búsqueda pasiva implica que la persona no busca, pero sí está abierta a posibles ofertas que surjan. El proceso requiere usar técnicas de búsqueda de empleo, que nos ayuden a organizarla. Nos servirá nuestro proyecto profesional para determinar qué trabajo buscamos.

Para localizar las ofertas, deberemos utilizar canales de búsqueda, como los siguientes:

- Red de contactos personales: es lo que se denomina *Networking*, que significa establecer y mantener relaciones profesionales con quienes pueden ofrecer apoyo, consejo, información, oportunidades laborales o colaboraciones. Implica interactuar con otros, ya sea en redes sociales, grupos de interés o conexiones personales. Por lo tanto, se trata de una herramienta para el crecimiento profesional y el éxito laboral. También nos sirve para desarrollar nuestra marca personal, al compartir contenido relevante en redes sociales y mantener relaciones profesionales positivas, puesto que construyen una reputación sólida y una marca personal fuerte en nuestro campo. Es importante mantener las redes de contacto a lo largo del tiempo para aprovechar al máximo los beneficios de las mismas en nuestra carrera profesional.

CURIOSIDADES

La marca personal abarca no solo la experiencia laboral o las habilidades técnicas, sino también otros aspectos como: la personalidad, los valores, las pasiones y la forma de interactuar con el mundo. Algunos de sus elementos son: la autenticidad, la consistencia, la diferenciación, la reputación, la visibilidad y el propósito (el porqué de todo lo que hacemos).

- Autocandidatura: consiste en enviar el curriculum vitae a las empresas que puedan necesitar trabajadores con su perfil profesional. A veces, se presentan en la propia web de la empresa.

- Webs especializadas en empleo: tecnoempleo, linkedin, infojobs, infoempleo…

- Servicio Público de Empleo: SEPE.

- Agencias de colocación y empresas de trabajo temporal.

- Bolsas de empleo de los centros educativos.

Deberemos preparar nuestro curriculum vitae y una carta de presentación, y prepararnos para afrontar una posible entrevista de trabajo y alguna prueba de selección.

CURRICULUM VITAE:

Es el documento que refleja nuestro historial académico y profesional, con el objetivo de conseguir un empleo. No existe un modelo, pero debe causar buena impresión y adaptarse a las distintas ofertas. Puedes utilizar plantillas para generarlo, como www.canva.com.

Figura 10.5 Estructura del curriculum vitae.

DATOS PERSONALES	Nombre y apellidos. Domicilio, correo electrónico y teléfono.
FORMACIÓN ACADÉMICA	Titulaciones oficiales y centro donde se obtuvieron. Si las calificaciones son muy buenas, se hará constar.
FORMACIÓN COMPLEMENTARIA	Cursos profesionales y de especialización, indicando horas o créditos, lugar y fecha de realización.
IDIOMAS	Grado de conocimiento en cuanto a comprensión, redacción y capacidad de conversación, o bien se indica el nivel alcanzado.
EXPERIENCIA PROFESIONAL	Nombre y actividad de la empresa, puesto, funciones y fecha de inicio y fin. Se podrían incluir las prácticas realizadas o los trabajos voluntarios.
OTROS DATOS DE INTERÉS	Datos relevantes sobre personalidad o información sobre carné de conducir, vehículo y disponibilidad.

EJERCICIO 5

Elabore su curriculum vitae como si ya hubiera terminado el ciclo que está cursando.

PARA SABER MÁS

Si busca empleo en Europa, debe darse de alta en el portal europeo de movilidad profesional EURES: www.eures.europa.eu. En este portal, se registra como demandante de empleo y dispone de una red de consejeros que le asesorarán. Además, puede elaborar su curriculum vitae Europass y su pasaporte de lenguas desde la misma página.

También cabe la posibilidad de realizar un **videocurrículum digital**, que consiste en una grabación en vídeo de dos o tres minutos de duración en la que el aspirante da a conocer su formación y trayectoria profesional. En este caso es importante ser natural, breve y cuidar el lenguaje, los gestos y el entorno.

CARTA DE PRESENTACIÓN:

Es el escrito que enviaremos junto al curriculum vitae. En ella, expresamos actitudes, habilidades, capacidades y motivaciones que queremos destacar de nuestro currículum. Puede usarse para dar respuesta a una oferta de trabajo o como autocandidatura. Su estructura es sencilla e incluye los datos de la empresa a la que se dirige y los datos personales del demandante de la oferta. Se cuidará la presentación. Se resaltan los puntos fuertes relacionados con el puesto, se puede incluir alguna referencia y se solicita entrar en el proceso de selección.

PARA SABER MÁS

Puede entrar en: https://orientacion-laboral.infojobs.net/modelo-carta-de-presentacion-cv-ejemplo. Aquí encontrará plantillas para poder realizar su carta de presentación.

EJERCICIO 6

Elabore su propia carta de presentación o autocandidatura, que acompañará su curriculum vitae.

PROCESO DE SELECCIÓN:

Este proceso comienza con la entrevista, que puede ser individual o colectiva. En ella se pretende comprobar si se trata de la persona adecuada para el puesto. También se la puede someter a pruebas de selección, como pruebas psicométricas de inteligencia y aptitudes, cuestionarios de personalidad e intereses, pruebas de idiomas, pruebas profesionales y pruebas de conocimientos.

Figura 10.6 Puntos destacados en una entrevista.

PREPARACIÓN ANTICIPADA	1.º Autoconocimiento de puntos fuertes y débiles. 2.º Conocimiento del currículum para preparar argumentos precisos y concretos. 3.º Conocimiento de la empresa y del entrevistador. Buscar en su página web, en la Cámara de Comercio o preguntando a otras personas. 4.º Preparación de las preguntas posibles y ensayo de las respuestas. También se puede realizar alguna pregunta al entrevistador, pero debe ser inteligente.
IMPRESIÓN Y VESTIMENTA	Causar buena impresión: ser puntual, no sentarse hasta que se indique, ser amable, tratamiento de usted, estrechar la mano con firmeza, mirar a los ojos con tranquilidad. Vestimenta: debemos vestir de forma neutra, ni demasiado formal ni informal; ir limpios, afeitados, peinados y no excesivamente maquillados. Para algunos trabajos se desaconsejan *piercings* y tatuajes.
COMUNICACIÓN VERBAL Y NO VERBAL	Verbal: voz firme y calmada. No contestar con monosílabos, no utilizar vulgarismos, no enfatizar con gestos. No verbal: dar la mano en el saludo de forma firme, mirar a los ojos. Existen señales, como tocarse la boca o la nariz, o tirar del cuello de la camisa, que pueden indicar desconfianza.

EJERCICIO 7

Prepare un listado de preguntas posibles en una entrevista, basándotes en cuatro aspectos: estudios y personalidad, experiencia profesional, la empresa y el puesto de trabajo, y preguntas adecuadas al entrevistador. Para este ejercicio se puede trabajar en pequeños grupos de 3 a 5 alumnos.

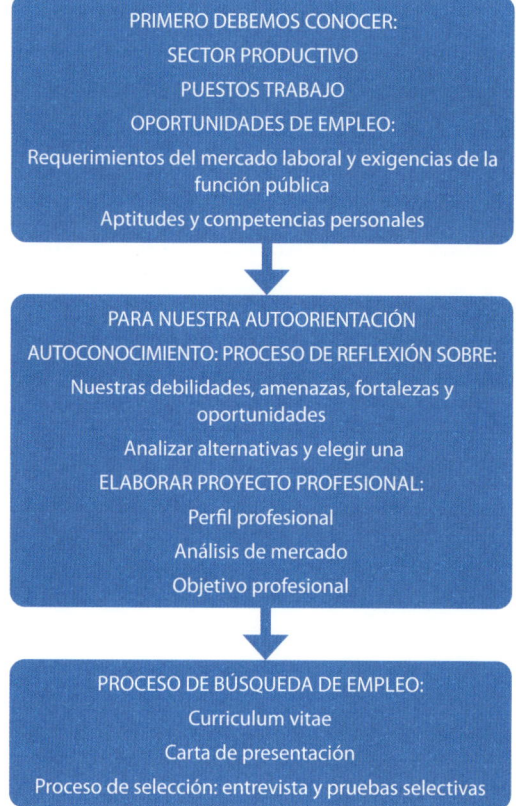

Figura 10.7 Mapa conceptual del Ssctor productivo, los puestos de trabajo y las oportunidades de empleo.

Reto profesional

Visione la película El método de Marcelo Piñeyro, coproducción de Argentina y España, y lleve a cabo el siguiente trabajo.

1. Elabore una introducción en la que comente brevemente el argumento de la película y qué son las pruebas de selección.

2. Analice el perfil personal y profesional de cada uno de los candidatos: Julio Quintana, Ana Páez, Enrique León, Fernando de Monagas, Nieves Martín, Carlos Aristegui, Ricardo Garcés y el papel de la secretaria Montse.

3. Analice cada prueba y comente si crees que ha sido la adecuada: el topo, el bunker, la comida, el deber hacia la empresa, el juego tres naciones y la prueba final (prueba psicológica).

4. Comente qué le ha parecido la película en cuanto a si le parece adecuado y moral o ético el establecer cámaras ocultas. En el caso de que estuviera en una entrevista de selección de per-sonal y participara en dicha selección, ¿cómo actuaría?

Mapa conceptual

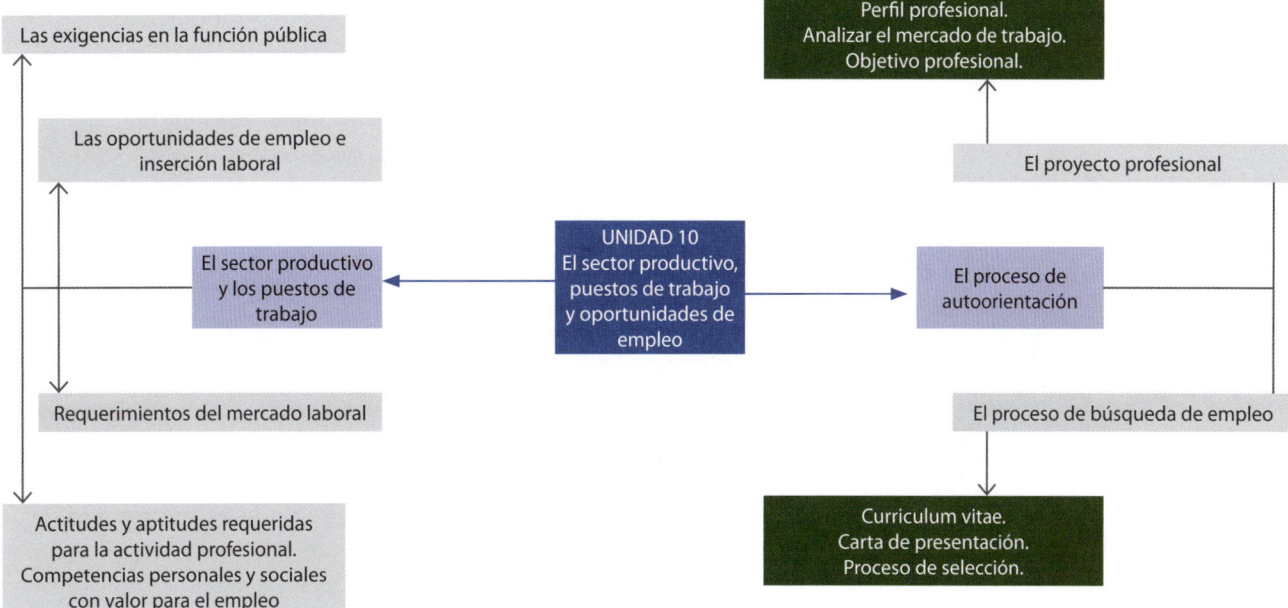

- Los sectores de la actividad económica establecen una clasificación de la economía en función del tipo de proceso productivo que lo caracteriza.

- Entre los puestos de trabajo más demandados encontramos los perfiles tecnológicos, que siguen teniendo una alta demanda. Aunque se sigue solicitando perfiles tecnológicos y sanitarios, también se piden en la hostelería, comercio, logística y transporte.

- Al hablar de las oportunidades de empleo nos referimos a aquellas situaciones y posibilidades que pueden abrir nuevas puertas en una carrera profesional, (pueden incluir ofertas de empleo).

- Los requisitos que se piden en las ofertas de empleo son los siguientes: idiomas, estudios de postgrado, nivel informático, edad e inteligencia emocional.

- En cuanto a las exigencias para el trabajo en la función pública, la Constitución Española establece que la selección en el empleo público se rige por los principios de mérito, capacidad, igualdad y publicidad. Para acceder a un puesto como empleado público, como funcionario de carrera, se deben cumplir los requisitos establecidos en la convocatoria previa, presentar en plazo la solicitud, pagar salvo que se esté exento de la tasa correspondiente, superar las pruebas selectivas y tomar la posesión de la plaza ofertada.

- Al hablar de actividad profesional nos referimos a la actividad que desarrolla una persona física de manera personal, directa y por cuenta propia.

- Cuando hablamos de aptitudes profesionales nos referimos a las habilidades blandas o soft skills, que son todas aquellas que tienen una vertiente más personal y menos técnica, y que hacen que el trabajador pueda realizar su trabajo de forma más eficiente.

- Cuando hablamos de competencias, personales y sociales nos referimos al conjunto de conocimientos, destrezas y competencias entendidas en términos de responsabilidad y autonomía, que permiten responder a los requerimientos del sector productivo y aumentar la empleabilidad.

- Cuando hablamos de autoorientación nos referimos a la finalidad última de todo proceso de orientación, entendido como un proceso continuo, a lo largo de todo el proceso educativo, y que ayuda al alumnado a tomar decisiones responsables sobre su futuro académico y profesional, preparándolo para autoorientarse.

- El proyecto profesional será el documento en el que identificamos los objetivos profesionales y personales. Así evaluamos la formación, experiencia, cualidades y capacidades para saber si se cumplen los requisitos que el mercado laboral está demandando.

- Podemos hablar de una búsqueda activa de empleo cuando se requiere de tiempo y esfuerzo para buscar las oportunidades de empleo; mientras que una búsqueda pasiva implica que la persona no busca, pero si está abierta a posibles ofertas que surjan. El proceso requiere usar técnicas de búsqueda de empleo, que nos ayuden a organizarla. E proyecto profesional servirá para determinar qué trabajo busca.

- El proceso de selección comienza con la entrevista, que puede ser individual o colectiva. En ella se pretende comprobar si se trata de la persona adecuada para el puesto. También se puede someter a pruebas de selección como pruebas psicométricas de inteligencia y aptitudes, cuestionarios de personalidad e intereses, pruebas de idiomas, pruebas profesionales y de conocimientos.

1. **Los requisitos que se piden en las ofertas de empleo son los siguientes:**

a) Titulación.

b) Idiomas.

c) Inteligencia emocional.

d) Todos son correctos.

2. **La inteligencia emocional es:**

a) Un conjunto de destrezas, actitudes, habilidades y competencias que determinan la conducta de un individuo a la hora de reconocer y comprender las emociones tanto de sí mismo como de los demás.

b) Un conjunto de destrezas, actitudes, habilidades y competencias que determinan la conducta de un individuo a la hora de reconocer y comprender las emociones de sí mismo.

c) Un conjunto de destrezas, actitudes, habilidades y competencias que determinan la conducta de un individuo a la hora de reconocer y comprender las emociones de los demás.

d) Ninguna es correcta.

3. **Para acceder a un puesto como empleado público hay que:**

a) Cumplir los requisitos de la convocatoria.

b) Superar las pruebas selectivas y tomar posesión de la plaza ofertada.

c) Presentar la solicitud en plazo y pagar la tasa correspondiente (salvo exenciones).

d) Todas son correctas.

4. **Las aptitudes profesionales son:**

a) Las habilidades blandas o *soft skills*.

b) Las que tienen una vertiente más personal.

c) Las que tienen una vertiente menos técnica.

d) Todas las anteriores.

5. **El proyecto profesional será:**

a) El documento en el que identificamos los objetivos profesionales.

b) El documento en el que identificamos los objetivos profesionales y personales.

c) El documento en el que identificamos los objetivos personales.

d) Todas las anteriores.

6. **El curriculum vitae es:**

a) El documento que refleja nuestro historial académico y profesional.

b) Su objetivo es conseguir un empleo.

c) No existe un modelo.

d) Todas las anteriores.

7. **La carta de presentación:**

a) Debe ser muy extensa.

b) Es poco importante.

c) No es importante la presentación.

d) Ninguna de las anteriores.

8. **Para el proceso de selección, en una entrevista:**

a) No es importante la vestimenta.

b) Es necesario el conocimiento de la empresa y del entrevistador.

c) No es importante la comunicación no verbal.

d) No nos van a preguntar por nuestro *curriculum vitae*.

9. **Un videocurrículum digital:**

a) Es una grabación en vídeo de más de cinco minutos.

b) El aspirante da a conocer su formación y trayectoria profesional.

c) No hace falta cuidar el lenguaje y los gestos.

d) Todas las anteriores.

10. **Son competencias personales y sociales:**

a) Adaptabilidad y responsabilidad.

b) Comunicación y aprendizaje.

c) Creatividad e inteligencia emocional.

d) Todas las anteriores.

ACTIVIDADES

ACTIVIDAD 1

Realice un videocurrículum digital; para ello, prepare un pequeño guion en el que explique tu trayectoria personal y profesional. Sea natural y breve, para poder desarrollarlo en dos minutos. Luego, grábelo en vídeo.

ACTIVIDAD 2

Realice una búsqueda de información de ofertas de empleo relacionadas con la obtención del título de su ciclo formativo, tanto ofertas de empresas privadas como ofertas de empleo público.

ACTIVIDAD 3

Elabore su proyecto profesional basándose en los ejercicios realizados en la unidad didáctica. Para ello, ha de definir: el perfil profesional, el análisis del mercado de trabajo y el objetivo profesional.

ACTIVIDAD 4

Realice un *role-playing* en el que usted es el entrevistador y un compañero/a de clase, el entrevistado. Se puede ayudar con el listado de preguntas elaborado en el ejercicio 7 de la unidad.

Itinerarios formativos profesionales y el aprendizaje autónomo

En esta unidad va a estudiar:

- Los itinerarios formativos profesionales
- El aprendizaje autónomo
- La competencia digital
- La identidad digital
- El plan de desarrollo individual

Con su estudio, va a ser capaz de:

- Identificar los itinerarios formativos profesionales relacionados con el perfil profesional.
- Aplicar estrategias para el aprendizaje autónomo.
- Usar tecnologías digitales como herramientas de aprendizaje autónomo.
- Conocer la identidad digital y su impacto en la empleabilidad.
- Elaborar un plan de desarrollo individual como herramienta para la mejora de la empleabilidad.

11.1 Itinerarios formativos profesionales

Cuando hablamos de itinerarios formativos profesionales, nos referimos a aquellos planes que han sido estructurados y diseñados para el desarrollo de habilidades, conocimientos y competencias en un campo específico de trabajo. Su objetivo es proporcionar lasherramientas necesarias para alcanzar las metas profesionales y, en consecuencia, mejorar la empleabilidad.

Por lo tanto, vemos que el aprendizaje nunca se acaba, puesto que existen diferentes formas de seguir aprendiendo y ampliando conocimientos, y ello hace que adquiramos nuevas competencias profesionales.

Partiendo de la base de que el módulo de *Itinerario personal para la empleabilidad I* se imparte tanto en ciclos de grado medio como de grado superior, vamos a diferenciar entre estos casos:

- En el caso de finalización del ciclo de grado medio, los itinerarios formativos serán:
  - Realizar el Bachillerato accediendo directamente.
  - Realizar otro ciclo de grado medio.
  - Acceder a ciclos de grado superior.
  - Realizar cursos de especialización, que ofrecen una oportunidad para que el alumnado adquiera habilidades que complementan su formación.
- En el caso de finalización del ciclo de grado superior, los itinerarios formativos serán:
  - Acceso a la universidad, en cuyo caso habrá que estar al corriente de la normativa para las pruebas de acceso de cada Comunidad Autónoma.
  - Realizar un curso de especialización.
  - Realizar otro grado superior.

───── **PARA SABER MÁS** ─────

Podrá encontrar toda la nueva oferta formativa en ciclos de formación profesional en: www.todofp.es, donde también encontrará toda la información sobre convalidaciones, homologaciones y equivalencias.

- En ambos casos, puede que se esté trabajando después de haber acabado el ciclo formativo; en este caso, también se seguirá formando por medio de la formación para el empleo. Va dirigida a diferentes grupos de personas, incluyendo jóvenes que buscan su **primer empleo,** desempleados en busca de nuevas oportunidades laborales, trabajadores que desean mejorar sus habilidades y avanzar en sus carreras, y personas que desean cambiar de profesión o reingresar al mercado laboral después de un periodo de inactividad. Las competencias adquiridas se acreditan por certificados profesionales, que son los documentos que reconocen la competencia de una persona en un área específica de conocimiento o en una habilidad relacionada con el mundo laboral. Tienen carácter oficial y validez en todo el territorio.

───── **PARA SABER MÁS** ─────

De acuerdo con lo establecido en la Disposición transitoria tercera de la Ley Orgánica 3/2022, de 31 de marzo, de ordenación e integración de la Formación Profesional, «hasta que se proceda al desarrollo reglamentario de lo previsto en la presente ley en relación con el Catálogo Nacional de Estándares de Competencias Profesionales, mantendrá su vigencia la ordenación del Catálogo Nacional de Cualificaciones Profesionales recogida en el Real Decreto 1128/2003, de 5 de septiembre, por el que se regula el Catálogo Nacional de Cualificaciones Profesionales» (www.incual.educacion.gob.es).

- También se puede optar por crear la propia empresa o lo que es lo mismo, el autoempleo. Es otra vía de inserción en el mundo laboral. Para llevarlo a cabo se deberá usar una herramienta esencial, el proyecto empresarial, que es el documento que describe cómo se llevará a cabo la creación y gestión de un negocio, desde la idea inicial hasta la implementación y el crecimiento. Esta herramienta es esencial para los emprendedores que desean convertir sus ideas en empresas exitosas.

───── **EJERCICIO 1** ─────

Raúl ha finalizado su ciclo de grado medio de electromecánica de vehículos y se plantea seguir estudiando. ¿Qué le aconsejaría?

11.2 El aprendizaje autónomo

Para llevar a cabo esta forma de aprendizaje y adquisición de nuevos conocimientos y habilidades de forma independiente, se deben establecer una serie de metas.

Por este motivo, se seleccionarán los recursos adecuados y se realizará una evaluación del progreso. Con el aprendizaje autónomo lo que se fomenta es la responsabilidad y la autonomía del propio aprendizaje.

Figura 11.1 Estrategias para el aprendizaje autónomo.

ESTABLECER METAS	Deben ser claras y alcanzables.
CREAR UN PLAN DE ESTUDIO	¿Qué, cómo y cuándo? Es importante establecer unas fechas límite.
UTILIZAR RECURSOS VARIADOS	Enriquecen y ofrecen diferentes perspectivas. Hay que saber buscar la información.
AUTORREFLEXIÓN	Sobre el progreso y los métodos de estudio, para saber en qué se puede mejorar. Hay que saber autoevaluarse.
AUTODISCIPLINA	Establece un horario de estudio y el compromiso de realizarlo. Crea un entorno propicio para el estudio.
COLABORAR CON OTROS	Participa en grupos o busca comunidades en línea. Hay que saber trabajar en equipo.

GLOSARIO

Las metas SMART le pueden ayudar para establecer objetivos que sean específicos, medibles, alcanzables, relevantes y con un límite de tiempo. Si aplica estos principios, puede aumentar sus posibilidades de éxito. Hay que revisarlas y ajustarlas siempre que sea necesario.

EJEMPLO 1

Pedro quiere aprender un nuevo idioma por su cuenta. ¿Qué le aconsejaría?

SOLUCIÓN:

Debe establecer sus metas de aprendizaje específico, claras y realizables, estableciendo un plan de estudio con su propio horario, responsabilizarse de su progreso y evaluarse. Podrá utilizar numerosos recursos, como aplicaciones móviles, libros, *podcasts* y vídeos en línea, y practicar con hablantes nativos.

11.2.1 Recursos para el aprendizaje autónomo

Se trata de materiales, herramientas o medios que los estudiantes pueden utilizar de forma independiente, sin necesidad de recurrir a un profesor para adquirir esos conocimientos.

Entre los recursos que encontramos para el aprendizaje autónomo están los siguientes:

- Plataformas en línea: encontramos cursos en línea, tutoriales, vídeos educativos y foros de discusión.

- Bibliotecas virtuales: acceso a libros, revistas, artículos y recursos educativos en línea.

- Materiales audiovisuales: documentales, películas educativas, programas de televisión, conferencias grabadas...

- Aplicaciones móviles: ofrecen aprendizaje interactivo y personalizado mediante los dispositivos móviles. Algunos ejemplos:
  - **Duolingo:** se trata de aprender idiomas mediante el juego y actividades interactivas.
  - **Quizlet:** para crear tarjetas de memoria y juegos educativos.
  - **Coursera:** ofrece cursos en línea de universidades y organizaciones de todo el mundo en una variedad de temas.
  - **Khan Academy:** proporciona lecciones en vídeo y ejercicios prácticos sobre distintos temas.
  - **Memrise:** para el aprendizaje de idiomas mediante técnicas de memoria y juegos.

- Grupos de estudio en línea: se colabora con otros estudiantes para discutir temas y compartir recursos. Así, encontramos los siguientes grupos de estudio:
  - En redes sociales: plataformas como Facebook y Linkedin.
  - Para el estudio colaborativo: sitios web y plataformas como StudyBlue y Quizlet, para poder crear mapas mentales, tarjetas memoria y cuestionarios.
  - Foros de discusión y comunidades en línea: sitios web como Stack Exchange y Quora, que ofrecen espacios para hacer preguntas, compartir conocimientos y participar en discusiones.
  - Plataformas de aprendizaje en línea: como Coursera, Udemy y edX, donde los estudiantes colaboran, discuten el contenido del curso y se resuelven dudas.
  - Redes de investigación académica: como plataformas ResearchGate y Academia.edu, para discusión sobre áreas específicas de investigación.
  - Los organizados por instituciones educativas: como universidades e institutos, en los que se crean grupos de estudio para conectarse con sus compañeros, discutir temas del curso y colaborar en proyectos.

- Herramientas de organización y planificación: como agendas digitales, aplicaciones de gestión del tiempo y técnicas de estudio.

  - Ejemplos de agendas digitales y aplicaciones de gestión del tiempo: **Google Calendar**, para gestión de eventos, recordatorios y calendarios; **Microsoft Outlook**, para gestión de eventos y correos electrónicos; **Todoist**, para crear listas de tareas, recordatorios y fechas límite; **Notion**, para crear listas de tareas, notas y base de datos.

  - Ejemplos de t**écnicas de** estudio: **Técnica Pomodoro**, que se trabaja en periodos de tiempo cortos (generalmente, 25 minutos) seguidos de descansos cortos (generalmente, 5 minutos). Se repite este ciclo varias veces, con descansos más largos después de un cierto número de ciclos. **Mapas mentales** como MindMeister o Coggle. **Resumen de lectura**, donde se establecen los puntos clave con tus propias palabras. *Flashcards* **digitales** como Anki o Quizlet, que permiten crear tarjetas de memoria digitales. **Estudio espaciado** de un tema a lo largo del tiempo y no en una sesión. **Enseñar a otros,** explicando a otros o grabando un video explicativo.

CURIOSIDADES

Se puede utilizar el término EPA, abreviatura del Entorno Personal de Aprendizaje. Se refiere al conjunto de herramientas, servicios y recursos que una persona utiliza para apoyar su proceso de aprendizaje a lo largo de su vida, de forma continua y efectiva.

11.3 La competencia digital

Cuando hablamos de competencia digital nos referimos a la capacidad de una persona para utilizar, de forma efectiva, las tecnologías de la información y la comunicación. Ello implica no solo disponer de habilidades técnicas para usar las herramientas digitales, sino también saber cómo funcionan y para qué se aplican. Por lo tanto, abarca distintos aspectos:

- Habilidades básicas en su uso: se refiere a saber utilizar los dispositivos como ordenadores, teléfonos inteligentes o *tablets*; saber navegar por internet, enviar correos electrónicos, utilizar *software* de oficina y realizar búsquedas en línea.

- Alfabetización digital: se trata de comprender, interpretar y evaluar de forma crítica la información que encontramos, para desechar la información no fiable.

- Habilidades de comunicación y colaboración: por medios digitales, ya sea correo electrónico, redes

sociales o videoconferencias, para poder trabajar en equipo y colaborar en línea.

- Habilidades de creación de contenido: para ser capaz de crear y compartir contenido digital, ya sea en forma de vídeo, audio, texto, imágenes… Puede incluir la capacidad de editar fotos o vídeos, crear presentaciones multimedia y utilizar herramientas de diseño gráfico.

- Habilidades de resolución de problemas: para analizar y resolver un problema, utilizando la tecnología mediante herramientas digitales, para ser crítico y creativo.

- Habilidades en seguridad digital y privacidad: para tomar conciencia de las amenazas de la seguridad en línea, como virus, *phishing* y robo de identidad. Para ello, se han de establecer contraseñas seguras, actualizaciones de *software*, manejo seguro de datos personales y configuración de permisos de privacidad en las redes sociales.

EJERCICIO 2

Supongamos que es un estudiante de un ciclo formativo que quiere mejorar su competencia digital mediante el autoaprendizaje. Establezca los pasos a seguir.

La competencia digital es esencial para configurar un entorno personal de aprendizaje efectivo, de cara a mejorar la empleabilidad.

Figura 11.2 Habilidades para el Entorno Personal de Aprendizaje.

HABILIDADES	HERRAMIENTAS DIGITALES
AUTOGESTIÓN DEL APRENDIZAJE	Calendarios, aplicaciones de gestión y planificadores de tareas.
BÚSQUEDA Y EVALUACIÓN DE LA INFORMACIÓN	Bases de datos y recursos en línea.
APRENDIZAJE EN LÍNEA	Cursos, *webinars*, tutoriales en línea.
REDES SOCIALES PROFESIONALES	Linkedin para buscar empleo, compartir contenido y establecer relaciones comerciales.
DESARROLLO DE LAS HABILIDADES TECNOLÓGICAS	Uso TIC: *software* como Microsoft Office o Google Suite, navegación por internet, correo electrónico.

Figura 11.2 (Continuación).

HABILIDADES	HERRAMIENTAS DIGITALES
CREACIÓN DE CONTENIDO DIGITAL	Crear contenido, como currículum en línea, portafolios digitales, blogs profesionales, presentaciones multimedia y contenido para redes sociales.
ACTUALIZACIÓN CONSTANTE	Mantenerse al día mediante blogs, publicaciones especializadas y participación en comunidades en línea.
DESARROLLO DE HABILIDADES BLANDAS	Utilizar recursos en línea para desarrollar habilidades como el trabajo en equipo, la resolución de problemas y la gestión del tiempo.

Como hemos visto, la competencia digital no solo es importante para fomentar nuestro autoaprendizaje, sino también para la empleabilidad.

EJEMPLO 2

Supongamos que trabaja en una empresa de *marketing* y le han pedido que mejore su presencia y visibilidad en las redes sociales. Determine qué pasos seguirá para llevar a cabo dicha tarea.

Solución:

En primer lugar, analizaremos la situación actual de la visibilidad de la empresa en redes sociales. En segundo lugar, desarrollaremos una estrategia en redes sociales, para ver cómo podemos aumentar el número de seguidores, seleccionar las plataformas profesionales más relevantes y establecer un calendario editorial con contenido y fechas más relevantes de los eventos de la empresa. En tercer lugar, optimizaremos el contenido en línea, de forma que lo revisaremos, añadiremos contenido de alta calidad y actualizaremos los perfiles. En cuarto lugar, promocionaremos el contenido y participaremos de forma activa en la red. Por último, llevaremos a cabo una evaluación del rendimiento y estableceremos mejoras en el mismo.

GLOSARIO

Un calendario editorial es una herramienta que se utiliza en *marketing* y comunicación digital, y que sirve para planificar, organizar y programar el contenido que se publica en un sitio web, blog, redes sociales u otros canales de comunicación durante un periodo de tiempo específico, generalmente, un mes o un trimestre.

11.3.1 Herramientas digitales

Se trata de programas, aplicaciones o plataformas tecnológicas diseñadas para facilitar tareas, mejorar la productividad o dar soluciones. Se utilizan en variedad de contextos, tanto personales como profesionales. Están en constante evolución, debido a las nuevas tecnologías y aplicaciones.

Figura 11.3 Categorías de herramientas digitales.

DE PRODUCTIVIDAD PERSONAL	Procesadores de texto, como Microsoft Word, Google Docs o LibreOffice Writer.
	Hojas de cálculo, como Microsoft Excel, Google Sheets o LibreOffice Calc.
	Aplicaciones de presentación, como Microsoft PowerPoint, Google Slides o LibreOffice Impress.
	Aplicaciones de gestión de tareas, como Todoist, Trello o Asana.
	Herramientas de calendario, como Google Calendar o Microsoft Outlook.
DE COMUNICACIÓN Y COLABORACIÓN	Plataformas de correo electrónico, como Gmail, Outlook o Yahoo Mail.
	Aplicaciones de mensajería instantánea, como WhatsApp, Slack o Microsoft Teams.
	Plataformas de videoconferencia, como Zoom, Skype o Google Meet.
	Herramientas de colaboración en documentos en tiempo real, como Google Workspace o Microsoft Office Online.
DE DISEÑO Y MULTIMEDIA	*Software* de diseño gráfico, como Adobe Photoshop, Illustrator o Canva.
	Herramientas de edición de vídeo, como Adobe Premiere Pro, Final Cut Pro o DaVinci Resolve.
	Editores de imágenes en línea, como Pixlr o Fotor.
	Plataformas de creación de contenido multimedia, como Adobe Creative Cloud Express o Prezi.
DE SEGURIDAD Y PRIVACIDAD	Antivirus y *software* de seguridad, como Norton, McAfee o Avast.
	Gestores de contraseñas, como LastPass, 1Password o Dashlane.
	VPN (Redes Privadas Virtuales), como NordVPN, ExpressVPN o CyberGhost.

Elabora un cuestionario para determinar su competencia digital, con tres preguntas para cada uno de estos ítems: habilidades básicas, uso de *software* y aplicaciones, comunicación digital, navegación por Internet, seguridad digital y alfabetización mediática.

11.4 La identidad digital

Al hablar de identidad digital de una persona, empresa u organización nos referimos a cómo se presenta en línea, tanto de forma activa (es decir, lo que se comparte voluntariamente) como pasiva, en relación con lo que comparten terceros, como menciones en redes sociales, reseñas en sitios web, etc. Es toda la información y demás datos asociados que aparecen en el entorno digital. Pueden ser tanto perfiles en redes sociales como sitios web personales o corporativos, publicaciones o comentarios en línea.

¿Por qué es importante la identidad digital? Pues, simplemente, porque puede influir en la percepción que otros tienen sobre ti, es decir, en tu reputación en línea. Si nuestra identidad digital es positiva, puede generar credibilidad y confianza, mientras que si es negativa, puede repercutir también negativamente en la vida personal o profesional de una persona o en la imagen de una empresa u organización, si hablamos de persona jurídica.

Por ello, se deben tomar una serie de medidas para gestionar la identidad digital, protegiendo la privacidad y la seguridad en línea, aunque lo más importante es educarse a uno mismo y a los familiares, siendo consciente de las amenazas que existen y de las técnicas de protección de la privacidad, y manteniendo siempre una actitud crítica y cuidadosa al interactuar.

Figura 11.4 Medidas de protección de la identidad digital.

USAR CONTRASEÑAS SEGURAS	Fuertes y únicas. Podemos usar un gestor para almacenarlas y gestionarlas.
HABILITAR AUTENTIFICACIÓN EN DOS FACTORES	Añadir un segundo método de verificación, como un código enviado al teléfono móvil.
ACTUALIZACIÓN REGULAR DE LOS DISPOSITIVOS	Para establecer últimas versiones y parches de seguridad.
ALERTA CON LOS ARCHIVOS ADJUNTOS	Podrían contener *malware* o *phishing*.

Figura 11.4 (Continuación).

PROTECCIÓN DE LA INFORMACIÓN PERSONAL	Controla quién puede ver tu información personal, adjuntando la configuración de privacidad.
UTILIZA UNA CONEXIÓN SEGURA	Mediante red privada virtual (VNP) o una red Wi-Fi protegida.
MONITORIZA TU IDENTIDAD DIGITAL	Con alerta ante actividades sospechosas o uso no autorizado de tu información por medio de herramientas de monitorización del crédito y servicios de protección de identidad.
COPIAS DE SEGURIDAD	Para la pérdida de información por errores, fallos de *hardware* o ataques *malware* como virus, gusanos o troyanos.

Uno de los mayores peligros y con consecuencias graves es el **ROBO DE IDENTIDAD DIGITAL,** tanto a nivel personal como financiero. Así, los usurpadores de identidad pueden realizar compras, abrir cuentas, solicitar créditos e, incluso, crear perfiles falsos en redes sociales, robar información sensible, dañar la reputación, generar problemas legales y un proceso largo, complicado y costoso para solucionar este problema. Aunque para la víctima del robo de identidad lo peor son las consecuencias de tipo emocional, como el estrés y la ansiedad.

Phishing es una forma de ciberdelito. Los delincuentes intentan engañar a las personas para obtener información confidencial (contraseñas) o financiera (números de tarjeta de crédito), utilizando correos electrónicos fraudulentos, mensajes de texto, llamadas telefónicas o sitios web falsos.

Luisa es una joven profesional que utiliza regularmente Internet para realizar transacciones bancarias, compras en línea y para manejar sus redes sociales. Un día, recibe un correo electrónico, aparentemente legítimo, de su banco, solicitando que actualice su información de inicio de sesión. ¿Qué le aconsejaría?

Las **redes sociales** son plataformas en línea que permiten crear perfiles personales o profesionales para conectarse con otras personas, interactuar, compartir contenido y participar en comunidades virtuales. Ejemplos:

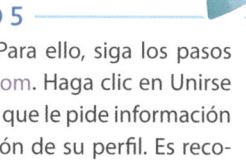

- Facebook: crea perfiles personales, para compartir actualizaciones de estado, fotos y vídeos, y conectarse con amigos y familiares.

- Instagram: para compartir fotos y vídeos cortos, con filtros de imagen, historias temporales y seguimiento de otros usuarios para ver su contenido.

- Twitter (actualmente, X): servicio que permite a los usuarios publicar *tweets* cortos de hasta 280 caracteres, seguir otras cuentas y participar en conversaciones.

- LinkedIn: para profesionales, con conexiones laborales, para buscar empleo, compartir contenido y participar en grupos de discusión.

- YouTube: plataforma de vídeo que permite a los usuarios cargar, ver, comentar y compartir vídeos sobre una amplia variedad de temas, desde entretenimiento hasta tutoriales y educación.

- Snapchat: Una aplicación de mensajería que se centra en compartir fotos y vídeos cortos que desaparecen después de ser vistos, con características como filtros de realidad aumentada y mensajes efímeros.

- TikTok: Una red social de vídeos cortos, donde los usuarios pueden crear y compartir clips de hasta 60 segundos, con una amplia gama de contenido creativo y entretenido.

EJERCICIO 5

Cree su propio perfil en LinkedIn. Para ello, siga los pasos siguientes: Entre en www.linkedin.com. Haga clic en Unirse ahora. Hay un formulario de registro que le pide información básica. Después, agregue información de su perfil. Es recomendable agregar una foto a su perfil. Puede personalizar su URL de perfil. Una vez completado, ya puede conectar con otros usuarios por medio de la solicitud de conexión.

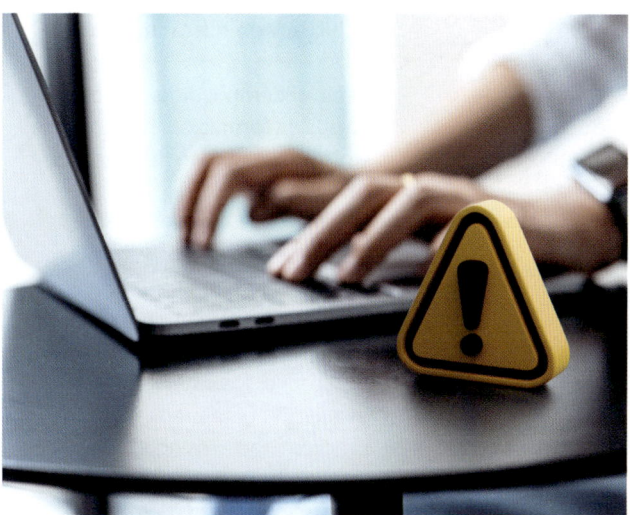

Figura 11.5
Toda persona debe estar alerta al exponerse a los peligros asociados a las redes sociales.

PARA SABER MÁS

Las redes sociales profesionales son plataformas en línea, diseñadas específicamente para conectar a profesionales de diversos sectores, facilitar el *networking*, compartir contenido relacionado con el trabajo y buscar oportunidades laborales. Algunas de las redes sociales profesionales más populares son LinkedIn, Viadeo y Xing.

Al usar redes sociales, la persona se ve expuesta a unos peligros asociados, como son el robo de identidad, el acoso, el hostigamiento y la intimidación en línea, la desinformación y manipulación, la adicción y dependencia o la exposición a contenido no apropiado, y pueden generar un impacto en la salud mental, debido a un uso excesivo de las redes sociales, derivando en problemas de salud mental, como la ansiedad, la depresión, la baja autoestima y la comparación social.

Para reducir estos riesgos se deben utilizar las redes sociales de forma responsable, estableciendo límites de tiempo y, sobre todo, educarse en los riesgos asociados para usarlas de forma segura y consciente.

11.5 El plan de desarrollo individual como herramienta para la mejora de la empleabilidad

Al hablar de plan de desarrollo individual nos referimos a un documento donde se detallan las metas, objetivos, habilidades y competencias que una persona desea desarrollar para su crecimiento personal y profesional. Se puede utilizar como herramienta de autogestión y autoevaluación, para determinar áreas de mejora. Será una herramienta muy efectiva para mejorar la empleabilidad, ya que permite identificar y desarrollar las habilidades y competencias que los empleadores valoran en el mercado laboral.

Figura 11.6 Elementos de un plan de desarrollo individual.

OBJETIVOS Y METAS	Pueden ser a corto, medio o largo plazo, y deben ser específicos, medibles, alcanzables, relevantes y limitados en el tiempo.
ÁREAS DE DESARROLLO	Pueden incluir habilidades técnicas, habilidades blandas, conocimientos específicos y competencias profesionales.
PLAN DE ACCIÓN	Describir las actividades para alcanzar los objetivos, como participar en cursos de formación, realizar proyectos, adquirir nuevas habilidades o buscar mentores.
RECURSOS NECESARIOS	Serán el tiempo, dinero, acceso a cursos de formación, herramientas y materiales, apoyo de mentores u otros recursos.
CRONOGRAMA	Detallar el calendario y los plazos para la realización de cada actividad en el plan de acción.
EVALUACIÓN Y SEGUIMIENTO	Determinar los criterios de evaluación para medir el progreso hacia los objetivos y metas establecidos, y realizar evaluaciones periódicas para revisar el avance, identificando posibles obstáculos y ajustando el plan de desarrollo según sea necesario.

Por lo tanto, se debe tener un entorno de aprendizaje efectivo para alcanzar un plan de desarrollo individual. Este entorno debe ser personalizado, accesible, flexible y respaldado por recursos, y con apoyo de la organización (la empresa) y de mentores que nos orienten a establecer metas realistas.

Figura 11.7 Plan de desarrollo individual para mejorar la empleabilidad.

FASES DEL PLAN
1. Autoevaluación de habilidades y competencias Puede incluir habilidades técnicas específicas, habilidades blandas (como comunicación, trabajo en equipo o resolución de problemas), conocimientos específicos del sector o la industria, y cualquier otra competencia relevante para tu campo profesional.
2. Establecimiento de objetivos de empleabilidad Objetivos claros y específicos, relacionados con su empleabilidad.
3. Identificación de oportunidades de desarrollo Puede incluir cursos en línea, programas de capacitación, talleres, seminarios, conferencias, grupos de estudio o la participación en proyectos relevantes.
4. Desarrollo de un plan de acción Establece plazos realistas y asigna recursos necesarios, como tiempo, dinero y acceso a recursos educativos.
5. Implementación del plan Dedique tiempo, regularmente, para trabajar en el desarrollo de sus habilidades y competencias.
6. Evaluación y ajuste De forma regular, evalúe su progreso hacia tus objetivos de empleabilidad y ajuste su plan de acción según sea necesario.
7. Promoción de su desarrollo profesional En su *curriculum vitae,* perfil de LinkedIn y otras plataformas profesionales, destaque sus logros, certificaciones y proyectos relevantes, para destacarse como un candidato atractivo para los empleadores.

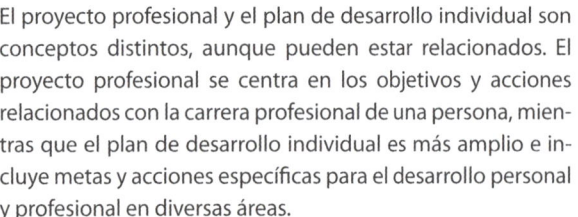

PARA RECORDAR

El proyecto profesional y el plan de desarrollo individual son conceptos distintos, aunque pueden estar relacionados. El proyecto profesional se centra en los objetivos y acciones relacionados con la carrera profesional de una persona, mientras que el plan de desarrollo individual es más amplio e incluye metas y acciones específicas para el desarrollo personal y profesional en diversas áreas.

EJERCICIO 6

Cree su plan de desarrollo individual para mejorar la empleabilidad, con el objetivo de avanzar en su carrera profesional y aumentar sus oportunidades laborales, estableciendo las metas a corto plazo (3-6 meses) y determinando las estrategias y acciones.

Reto profesional

Comente el siguiente caso real y establezca qué medidas se deberían haber tomado por la víctima para evitar el robo de identidad digital: «En este caso, el perpetrador de la suplantación de identidad engañó a la víctima para hacerse con su usuario y clave de acceso a su perfil en Instagram. Para ello, le envío un WhatsApp haciéndose pasar por la red social y pidiéndole las credenciales para poder visualizar un vídeo. Una vez se hizo con las credenciales, procedió con la suplantación de identidad en Instagram, haciendo publicaciones a través del perfil de la víctima, en las que insultó a varios de sus contactos y envío varias fotos de semidesnudos. El autor de los hechos podría haber cometido delitos de descubrimiento y revelación de secretos, injurias y vejaciones».

Mapa conceptual

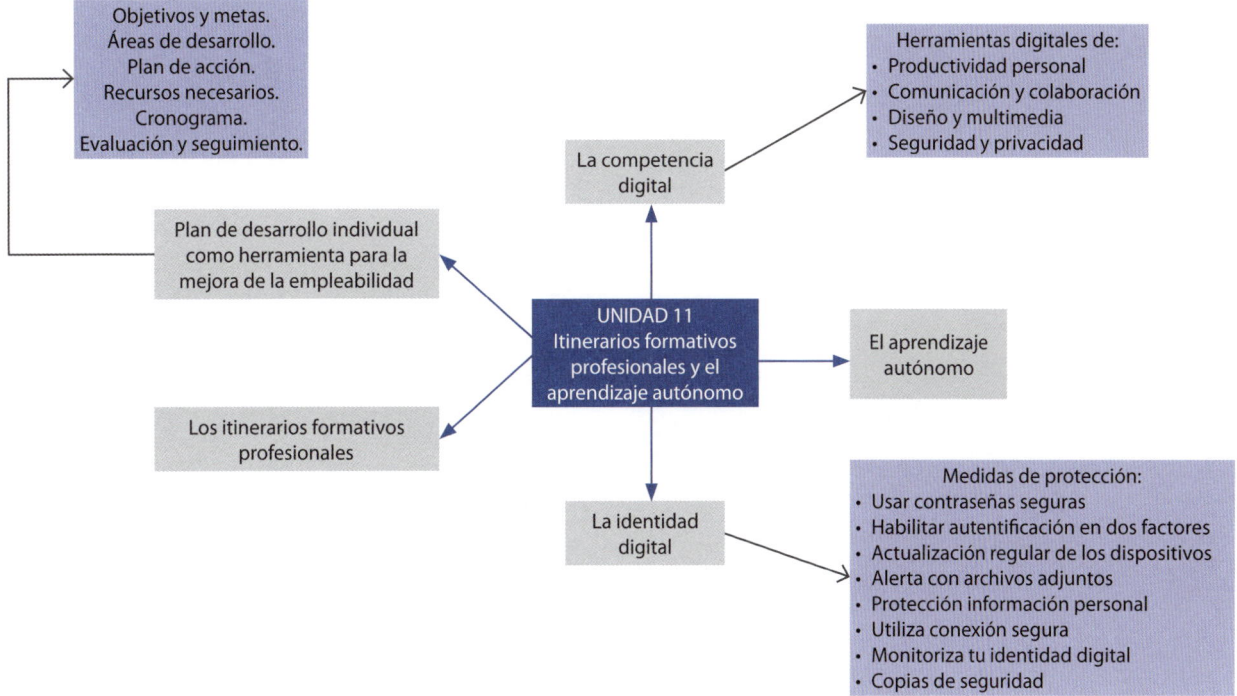

- Los itinerarios formativos profesionales son aquellos planes que han sido estructurados y diseñados para el desarrollo de habilidades, conocimientos y competencias en un campo específico de trabajo.

- El aprendizaje autónomo es un proceso en el cual una persona adquiere conocimientos, habilidades y competencias de forma autodirigida. Para llevarlo a cabo se establecerán las metas, un plan de estudio y los recursos que se utilizarán, se hará autorreflexión y autodisciplina, y se colaborará con otros.

- Existen numerosos recursos para el aprendizaje autónomo, como plataformas en línea, bibliotecas virtuales, aplicaciones móviles, grupos en línea… Todos son materiales, herramientas o medios que los estudiantes pueden utilizar de forma independiente, sin necesidad de recurrir a un profesor para adquirir esos conocimientos.

- La competencia digital es la capacidad de una persona para utilizar de forma efectiva las tecnologías de la información y la comunicación. Incluye habilidades básicas, de comunicación y colaboración, de creación de contenidos, de resolución de problemas, de seguridad y privacidad y alfabetización digital.

- Las herramientas digitales son los programas, aplicaciones o plataformas tecnológicas diseñadas para facilitar tareas, mejorar la productividad y dar soluciones.

- La identidad digital de una persona es toda la información y demás datos asociados que aparecen en el entorno digital. Debemos utilizar medidas de protección para evitar el robo de la identidad digital, tales como el uso de contraseñas seguras, la autentificación en dos factores, las actualizaciones, los sistemas de alerta, la protección de la información personal, el uso de conexiones seguras, la monitorización de la identidad digital y la realización de copias de seguridad.

- Las redes sociales son plataformas en línea que permiten crear perfiles personales o profesionales, para conectarse con otras personas, interactuar, compartir contenido y participar en comunidades virtuales. Debemos educar en los riesgos asociados a su uso, para prevenir el robo de identidad, el ciberacoso, los problemas de salud mental, la desinformación, la adicción y la dependencia.

- El plan de desarrollo individual es el documento donde se detallan las metas, objetivos, habilidades y competencias que una persona desea desarrollar para su crecimiento personal y profesional. Se puede utilizar como herramienta de autogestión y autoevaluación para determinar áreas de mejora.

1. Un itinerario formativo:
a) Mejora la empleabilidad.
b) Proporciona herramientas.
c) Su objetivo es alcanzar metas profesionales.
d) Todas son correctas.

2. El aprendizaje autónomo:
a) No hace falta poner fechas límite.
b) Las metas no tienen que ser alcanzables.
c) Se utilizan recursos variados.
d) No es necesario fijar un horario.

3. La competencia digital se refiere a la habilidad de:
a) Crear contenidos en la red.
b) Comunicarse y colaborar en la red.
c) Resolver conflictos.
d) Todas son correctas.

4. Para evitar el robo de identidad:
a) No es necesario actualizar el *software*.
b) Las contraseñas deben ser seguras.
c) No hacen falta copias de seguridad.
d) Todas las anteriores.

5. Algunos de los peligros de las redes sociales son:
a) El robo de identidad.
b) El acoso.
c) La depresión y ansiedad.
d) Todas las anteriores.

6. Cuando hablamos de identidad digital nos referimos a:
a) La presentación activa de una persona en línea.
b) La presentación pasiva de una persona en línea.
c) Información y datos asociados que aparecen en el entorno digital.
d) Todas son correctas.

7. El plan de desarrollo individual:
a) Es lo mismo que el proyecto profesional.
b) Se puede utilizar como herramienta de autogestión y autoevaluación para determinar áreas de mejora.
c) No mejora la empleabilidad.
d) Todas son correctas.

8. Son redes sociales profesionales:
a) Instagram.
b) LinkedIn.
c) Facebook.
d) Todas son correctas.

9. Son recursos para el aprendizaje autónomo:
a) Bibliotecas virtuales.
b) Aplicaciones móviles.
c) Grupos en línea.
d) Todas las anteriores.

10. Un entorno de aprendizaje efectivo para alcanzar un plan de desarrollo individual debe ser:
a) Personalizado y flexible.
b) Inalcanzable.
c) No respaldado por la organización.
d) Todas las anteriores.

ACTIVIDADES

ACTIVIDAD 1
Haga un listado de los recursos que más utilice para su autoaprendizaje.

ACTIVIDAD 2
Realice una búsqueda de información sobre algún caso de robo de identidad. Establezca sus causas y determine qué medidas de protección se debían haber establecido para evitarlo.

ACTIVIDAD 3
Elabore una lista de las redes sociales de las que forma parte, enumere los peligros a los que se puede ver expuesto y establezca qué medidas debería tomar para evitarlos.